中国俗文化丛书

丛书主编 高占祥

中国人的美食——饺子

赵建民 著

山东教育出版社

U0745466

图书在版编目(CIP)数据

中国人的美食——饺子/赵建民著. —济南：山东教育
出版社，2016
(中国俗文化丛书/高占祥主编)
ISBN 978－7－5328－9300－3

Ⅰ.①中… Ⅱ.①赵… Ⅲ.①饮食—文化—中国
Ⅳ.①TS971

中国版本图书馆 CIP 数据核字(2016)第 052130 号

中国俗文化丛书　　　　　　高占祥　主编
中国人的美食——饺子　　赵建民　著

出 版 人：刘东杰
出版发行：山东教育出版社
　　　　　(济南市纬一路 321 号　邮编：250001)
电　　话：(0531)82092664　传真：(0531)82092625
网　　址：www.sjs.com.cn
发 行 者：山东教育出版社
印　　刷：山东临沂新华印刷物流集团有限责任公司
版　　次：2017 年 2 月第 1 版第 1 次印刷
规　　格：787mm×1092mm　32 开本
印　　张：5.75 印张
印　　数：1—3000
插　　页：2 插页
字　　数：80 千字
书　　号：ISBN 978－7－5328－9300－3
定　　价：14.00 元

(如印装质量有问题，请与印刷厂联系调换)
印厂电话：0539－2925659

图1　春秋时期薛城遗址
　　　出土的馄饨、饺子

图2　新疆吐鲁番唐墓中出土的唐代饺子

图3　过年供桌上的水饺

图4　供奉财神的元宝饺

图5
除夕夜的"圈福饺"。

图6 素馅水饺

图7 贵妃鸡饺

图8 草原白兔饺

图9 玲珑金鱼饺

图10 白菜饺

图11 澄粉月牙饺

中国俗文化丛书

主　　编：高占祥
执行主编：于占德
副　主　编：于培杰
　　　　　叶　涛
　　　　　刘德增

序

　　在中华民族光辉而悠久的历史传统文化中，俗文化占有十分重要的地位。它不仅是雅文化不可缺少的伴侣，而且具有自身独立的社会价值。它在中华民族的发展历程中，与雅文化一起描绘着中华民族的形象，铸造着中华民族的灵魂。而在其表现形态上，俗文化则更显露出新鲜、明朗、生动、活跃的气质。它像一面镜子，折射出一个民族、一个地区的风土人情和生活百态。从这个角度看，进一步挖掘、整理和发扬俗文化是文化建设的一项战略任务。

　　俗文化，俗而不厌，雅美而宜人。不论是具体可感的器物，还是抽象的礼俗，读者都可以从中看出，千百年来，我们的祖先是在怎样的匠心独运中创造出如此灿烂的文化。我们好像触到了他们纯正的品格，听到了他们润物的声情，看到了他们精湛的技艺。他们那巧夺天工的种种创造，对今人是一种启迪；他们那健康而奇妙的审美追求，对后人是一种熏陶。我们不但可从这辉煌的民族文化中窥见自己的过去，而且可以从中展望美好的明天。

俗文化，无处不在，丰富而多彩。中华民族历史悠久，地大物博，人口众多，在长期的生活积淀中，许多行为，众多器物，约定俗成，精益求精，形成系列，构成体系，展示出丰厚的文化氛围。如饮食、礼俗、游艺、婚丧、服饰、教育、艺术、房舍、风情、驯化、意趣、收藏、养生、烹饪、交往、生育、家谱、陵墓、家具、陈设、食具、石艺、玉器、印玺、鱼艺、鸟艺、虫艺、镜子、扇子等等，都是俗文化涉及的范围。诚然，在诸多领域里，雅俗难辨，常常是你中有我，我中有你，彼此交叉，共融一体；有的则是先俗而后雅。

俗文化，古而不老，历久而弥新。它在人们的身边，在人们的生活中，无时无刻不影响人们的思想、观念和情趣。总结俗文化，剔除其糟粕，吸收其精华，对发扬民族精神，增强民族自信心，提高和丰富人民生活，都具有不可忽视的意义。世界文化是由五彩斑斓的民族文化汇成的，从这个意义上讲，愈是民族的，就愈是世界的。因此，我们总结自己的民俗文化，可以说是在构建世界文化的桥梁。这是发展的要求，时代的召唤。

这便是我们编纂出版这套（中国俗文化丛书）的宗旨。

目
录

引言

一群小白鹅，

扑通跳进河。

肚子刚鼓起，

就被盛上桌。

一群小白狗，

沿着河边走，

打一巴棍（指筷子）咬一口。

这两条以童谣形式编成的饶有民俗风情的谜语，明眼人一看便知打的是同一个谜底。这，就是素有中华面食"国粹"之称的饺子。

饺子是我国北方广大地区人们所喜爱的家常食品之一。它与包子、馒头、面条等，共同构成了北方人家的主食，并且因其别饶风味而成为人们心目中的美味食品之一。

"舒服不如倒着，好吃莫如饺子。"这是广泛流传于北方人民群众生活中的一句俗谚，生动具体地揭示出了北方农家旧时对小农富裕悠闲生活的追求和满足。有充足躺着的休息时间，能吃上美味可口的饺子，这是过去多少农民为之追求的生活目标。饺子在这里不仅成为美食的代表，而且更成为农家美满富裕生活的象征。

饺子，集面食菜肴于一身，皮薄馅鲜，主副食合而为一，经过几千年的历史沿革、传承创新，它不仅成为人们日常生活中追求的美食，而且形成了以饺子为中心的食饺习俗，从果腹充饥满足食欲的生理需求，扩充到内涵丰富的文化需要。今天，随着我国国民经济水平的日益提高，平民百姓的生活水平也得到了较大的改善，经常吃饺子改善和调剂生活，已不再是奢望。饺子已成为人们日常餐桌上的普通食品，食饺的种种习俗沿承不衰。在这些习俗中，蕴含着几千年来所形成的中国民族深层的文化心理和历史积淀。

一、追根溯源饺子明身世

饺子在今天无论发生了多么大的变化和发展，其精湛的制作技艺和种类繁多的品类，都是在继承无数前人经验的基础上形成的。中华饺子，是历史的产物。那么，饺子在我国始于何时？由何人所创制？这些问题历来成为学术界探讨的话题，但至今仍无确切结果。既然我们的话题说的是饺子，就不能不对饺子的身世作一点粗浅的探讨。那么，就让我们从"饺子"的名称谈起。

（一）"饺子"名称的由来

饺子，原写作"交子"。据史料记载，这名称的由来与我国大年三十午夜进食饺子有关。农历每年大年三十晚上，要守夜辞岁，这是我国人民的传统习俗。守夜辞岁的活动有多种形式，其中包辞岁吃，就是其中的一种，也颇有意思。人们在年三十的长夜之中，把备好的肉、菜（谐音"有财"）调制成为馅料，和面擀皮包成一种有馅的食品，叫作包辞岁。到午夜 12 点时下入锅中煮熟全家共食。按旧时天干地支计时法，午夜 12 点为子时，又称为子夜。年三十子夜钟声一响，人们便由旧的一年迈进了新的一年，称之为"更岁交子"。此时吃这种带馅的食物，完全是为了辞旧岁迎新年。于是，人们就把这种食物叫作"交子"。传承日久，人们把它书写出来，因为是食品，就成为"饺子"了。大年三十子夜吃饺子的习俗，据载至少从明朝时就已广为流行了。《明宫史》、《宛署杂记》等历史典籍中，均记载了当时元旦吃饺子的习俗。到了清朝，已成定俗。清初年间刊行的《肃宁县志》记载说："元旦子时盛馔同享，各食扁食，又名角子，取更岁交子之义。"除了通称的饺子名称之外，饺子还有许多名称，如角子、扁食、馄饨、煮饽饽、馉饳等等。

（二）我国最早的饺子

饺子之名虽然形成于明、清年间，但作为饺子这种食品，在我国却有着悠久的制作和食用历史。

1978年10月，我国考古工作者在山东省滕州市的薛国故城，挖掘出了9座墓葬，其中有一座是春秋时代的薛国君主墓。在该墓出土的一套青铜礼器中，有一个锈蚀了的铜簠（簠，音fǔ，古代祭祀时盛主食的一种器具），打开一看，里面整整齐齐地排放着一些白色食品。食品为立体三角形，边长为4～5厘米，内包屑状馅料。发掘者研究后认为，从形制来看，这些食品就是今天的饺子和馄饨。可惜的是，这盒食品出土不久，由于接触了空气而变成了黑褐色。不过，从它开始呈现的白色表皮看，它大概是用面粉捏制成的。至于内里包的馅料成分如何，尚待有关专家进一步研究。但无论如何，就其形制来看，与现在的饺子完全相同。这是迄今为止在我国所发现的最早的饺子。

薛国是我国春秋中晚期的诸侯小国，君主任姓，建都现在的山东滕州市，与文化圣人孔子的家乡鲁国都城曲阜，相距不过60余公里。那么，晚于薛国君主的孔子当年是否吃过饺子呢，那就不得而知了。但从他"食不厌精，脍不厌细"（《论语·乡党》）的饮食训导来看，是极有可能品尝过这种当时尚不多见的美味。由此推算，饺子在我国的食用历史，至少也有2500余年了。

（三）"形如偃月"的馄饨

饺子的制作传承至今，虽然品类众多，形状各异，但其典型的制品，依然是把圆形薄面皮，填放适当馅料对折后，用手捏成半圆的月牙形。这种形制，在北方广大民间尤为常见，非常普遍，这也与出土的两千多年前的薛国饺子形制相吻合。但那时却只有饺子之实，而无"饺子"之名，甚至从春秋到魏晋南北朝以前的一千多年间，既无饺子的实物出土，也未发现有关的文字记载。原因何在，尚不得知。

自南北朝以降，饺子这种食品开始较多地出现在史料中，不过那时仍无饺子之名，而是通称为"馄饨"。今天的馄饨和饺子虽然均系包馅食品，但有明显区别，在一千多年以前却不是这样。北朝人颜之推曾在所撰写的《颜氏家训》中，对当时流行于民间的馄饨进行过详细描述。说："今之馄饨，形如偃月，天下通食也。"这种"形如偃月"的馄饨，正是我们今天流行的饺子形状。由此看来，饺子在一千多年前的我国北方地区已经成为广大民间流传的食品了。所以，在其后的唐代史料中，从宫廷食单，到民间日常食品的记载，经常有馄饨出现，也就不足为奇了。

饺子的形状，在当时不仅有文字记录，而且还有后世出土的实物可证。现存新疆博物馆中有 1300 多年前的完整饺子，它是在 1959 年我国考古工作者从新疆吐鲁番阿斯塔那的唐墓中发掘出来的，其形如弯月，盛放在木碗中，形状与今天的饺子完全一样（彩图 2）。1986 年，在吐鲁番三堡乡的唐墓中再次出土了饺子。这就充分表明，在唐代，饺子已进入了寻常百姓家，并且通过丝绸之路还传到了西域以及更远的地区。

（四）唐代的"水中牢丸"

唐朝时，饺子不仅食用面广大，其烹制方法也多种多样，最常见的有水煮和笼蒸。唐代文人段成式在所著的《酉阳杂俎》一书中，有"酒食"一节，记载了当时的名馔佳肴、名产名饮计 127 种，其中有"笼上牢丸"和"汤中牢丸"两种。因为同书中又列有"馄饨"之制，所以，有人认为这种"牢丸"食品很可能就是唐代从前代的馄饨中分离出来的饺子，它是一种既和馄饨相类似，但又有别于馄饨的包馅面食品。

在我国的包馅食品中，除了馄饨、饺子之外，还有许多种。因而有人认为"牢丸"是包子一类的食品。但包子自古至今只能蒸不宜煮，所以，"包子"说不能成立。也有人认为是"汤饼"。汤饼是唐朝以前对水煮面条的称谓,虽为水中煮熟,却不是包馅食品。晋人束皙撰有《饼赋》,其中将"汤饼"、"牢丸"并列而述,所以也不可能是汤饼。还有人认为牢丸是现在的元宵、汤圆之类的食品,但是这些制品均是米粉制作的,而"牢丸"则是小麦、大麦面粉制成的。这在束皙的(饼赋)中有详细描述:做牢丸用的面粉,要一筛再筛,务求细白如"尘飞白雪";选用优质的羊膀和猪肋肉作馅,肥瘦各半,味道才香美;肉馅中要撒上葱、姜、桂末等佐料,调以盐和豆豉,搅拌均匀,包成牢丸后置于笼屉上,待锅里水烧开了,立即上锅,猛火蒸熟;蒸熟的牢丸皮薄馅嫩,雪白如练,香味四溢,这是蒸饺。若用水煮,则少了几分柔软劲道,却多了滑润清爽,清鲜不腻的特色,同样令观者垂涎,食者陶醉。

唐代人为什么把饺子叫作"牢丸"?尚有待于进一步探讨。汉代刘熙《释名·饮食》中的"脼(即馅)炙"条说,是把拌以各种佐料的肉馅,团成丸子,穿起来烤着吃。后来,面食进一步普及,人们又用面皮将肉丸子包裹在中间,使其牢不可破。包了面皮的肉馅可煮,可蒸,亦可炙,这大概就是"牢丸"之名的来源吧。

（五）宋代的"角子"与"馉饳"

与饺子之名发音相同的"角子"，开始出现在宋代的史料中。饺子在南北朝以前虽然和馄饨没有本质上的区别，但由于形状不同，毕竟久称不便，到了唐代，已有所区分，名称也发生了变化。然而，到了宋朝，包馅食品的制品种类益多，加之制作精美，已到了非加区分不行的地步。尤其为了和馄饨加以区别，于是人们就把这种捏成形似偃月，实为三角体、两角尖尖的包馅食品名之曰"角子"。从此，饺子开始有了自己的专用名称。宋代的角子，在制法上与前代没有什么大的变化，但其品种却大有增加。宋人孟元老撰有《东京梦华录》一书，书中记有"水晶角儿"、"煎角儿"等。宋人周密在《武林旧事》中，则记有"市岁角儿"，并在"蒸作从食"中记有"诸色饺儿"，就说明宋代的角子品种是很多的。

在宋代的史料中，还有一种名叫做"馉饳"的食品，有"细料馉饳儿"、"鹌鹑馉饳儿"（载宋·周密《武林旧事》）等，令后人颇多猜测。这些"馉饳"虽然和"角子"并列被记在书中，但也可能是造型不同于角子的食品。饺子在今天，是形制众多的，但最常见的是用手指沿面皮边捏成的月牙形和用双手拇指挤捏成的鼓肚形。前者是角儿无疑，而后者无角可言，于是人们据其形状随意称之为"馉饳"。角子因食品有"角"而得名，馉饳则因鼓出的肚子而得名。把饺子称为"馉饳"不仅在宋代史籍有载，至今仍有沿承。清末民初的学人胡朴安，在编撰的《中华全国风俗志·山东》"济南采风录"记载："元旦用面作角子。齐俗用素馅者多，省垣为之水包子。市肆鬻卖者谓之扁食，亦谓之水饽饽。东府谓之馉饳。此则不独东省为然，北数省皆盛行之。"这里的东府即指现在的胶东半岛地区。至今在胶东半岛地区的农村，人们仍然把饺子称为"馉饳"或"馉诈"。"馉作"是馉饳的音转。自古以来，在胶东民间，饺子、馉饳两名一直并用，指的是一种食品。这可以说是宋代"馉饳"之称的传承。所以，有理由说宋代的"馉饳"也可能是后世的饺子。

（六）清代的"煮饽饽"与"扁食"

饺子在清朝年间，除了制法日益精细之外，品类也进一步增加，其称谓也越来越多。角子、饺子两名称还在清代普遍使用，但已有明显变化。清人徐珂在《清稗类钞·饮食类》说："饺，点心也，屑米或面，皆可为之，中有馅，或谓之粉角。北音读角为矫，故呼为饺。蒸食、煎食皆可。蒸食曰烫面饺，其以水煮之有汤者曰水饺。"此时，各种饺子的名称已经具体化。在清朝年间，饺子还有"扁食"、"煮饽饽"、"水包子"等很多名称。

扁食，山东、河南等地广为流行。此名始于明代。《明宫史》记载过年吃饺子时说："五更起……吃水点心，即'扁食'也。"清朝年间，扁食之名已非常普及。济南有专门经营水饺的食店，称为"扁食楼"。济南的鞭指巷有家熊家扁食楼，由于所经营的"扁食"风味佳好，深受时人喜欢，至民初已有百余年的历史了。《清稗类钞·饮食类》也说："北方俗语，凡饵之属，水饺、锅贴之属，统统称为扁食，盖始于明时也。"

煮饽饽，是清朝年间北方人对水饺的别称。《大梡偶闻》一书中云："正月元日至五日，俗名破五，旧例食水饺五日，北方名煮饽饽。"《清稗类钞》等书中也有类似的记载。饽饽，乃是北方满族人对面食制品的总称。有蒸饽饽、炸饽饽，而用水煮的饺子则称之为煮饽饽。清朝的御膳房设有饽饽房，专门制作面食制品。

水包子，是山东济南等地区人们对水饺的又一别称。民国年间出版的《济南快览》说："如遇除夕或元旦，则用面作角子，其馅或荤或素，皆随人意。荤者用各种肉类，素者用韭芽或白菜，总名曰水包子。"把饺子称作水包子，至今仍在济南地区流传。

二、逢年过节饺子唱主角

> 数到珍馐是食羊，
>
> 西瓠饺子辣酸汤。
>
> 今朝供客添佳味，
>
> 烙饼加摊韭菜黄。

这是一首流行于清朝末年天津地区的风俗诗，被胡朴安收录在《中华全国风俗志》中。诗中所列的几种食品，均是当时一般平民生活中公认的珍馐佳味。其中，西瓠饺子列主食之首，是为广大人民群众最为熟悉，也最为喜欢的面食品种之一。

饺子虽然是人们旧时希望能经常吃的美味食品，但那时由于生活条件所限，对于大多平民家庭而言，好的年景全家人能吃饱肚子就已经相当不错了。如果赶上坏的年月，粮食歉收，就只有粮菜兼食，甚至吃糠咽菜地维持生活。在这样的情况下，人们只能把日常生活中的美食集中到年节中去享用，起到调剂或丰富年节生活的作用。传承久了，就形成了独具中华民族特色的年节食俗。饺子作为人们心目中最美好的食品而成为年节食俗中的主角，发挥着比一般食品更为重要的作用。

过去，民间食用饺子只有几个固定的节日。主要的有除夕、春节、元宵节、七夕节、冬至等等。特别是年节，每到这一天，人们才会伴着年节的快乐气氛，吃上一顿热气腾腾、美味可口的饺子，以此来改善生活。晚辈则借年节吃饺子的机会，表达儿子、儿媳对父母的养老孝敬之意。清人李光庭在《乡言解颐》一书中，曾记录了一首在当时广为传唱的歌谣，生动地体现了旧时平民之家年节吃饺子的融融天伦之情：

> 夏令去，秋季过，
> 年节又要奉婆婆，
> 快包煮饽饽。
> 皮儿薄，馅儿多，
> 婆婆吃了笑呵呵，
> 媳妇好费张罗。

现在，人们的生活水平提高了，饺子也从节日饭食变为日常的普通食品。除传统的节日可以吃到水饺外，一般的节假日，乃至一日三餐，都可以随时吃上美味的饺子。在包和吃的过程中，消除了人们工作紧张带来的疲劳，融洽了亲属关系，丰富了饮食生活的内容。

尽管饺子发展到今天，已成为人们日常餐桌上的常品，但每遇传统年节，人们仍然要乐此不疲地吃饺子。这种几千年来形成的节日饺俗，已积淀成为一种文化心理现象，在人们的生活中代代传承。

（一）大年三十包饺子

民谚云："大寒小寒，吃饺子过年。"

农历每年的腊月三十日，是人们辞旧迎新的时候。这一天，人们从早到晚，要准备许多美味食品，举行各种有意义的活动。人们称这一天叫作"过年"。

过大年，是中华民族一年一度最为隆重的节日。为了过好年，旧时农家一进腊月的门槛，就开始忙年。尤其是从腊月二十三，俗称过"小年"起，人们就进入了过年的倒计时，日夜忙个不停。河南民间有一首流传很广的《过年歌》：

二十三，祭灶官；

二十四，扫房子；

二十五，磨豆腐；

二十六，去割肉；

二十七，杀猪鸡；

二十八，蒸枣花；

二十九，去打酒；

年三十，包饺子；

大年初一，撅着屁股乱作揖。

大年三十包饺子，是我国北方广大地区民间过年最重要的内容之一。年三十的饺子，由于是节日的重要内容，所以，还规定了许多规矩和约定俗成的习俗内容。这些习俗都是为了配合过年的气氛需要。

包饺子首先是调拌饺子馅。饺子馅有荤有素，有的地方是严格区别的，但更多的是荤素搭配。年三十包的饺子，要足够三十晚上和初一早上全家食用的。除夕夜的饺子馅一般是荤素料相配合，用猪肉或羊肉，切成小肉丁，加调味料腌好，然后把大白菜嫩叶用刀剁成粗粒，挤去部分水分，加入肉馅和调味料调拌而成。在制馅的过程中，最讲究的是剁馅，就是用刀细剁大白菜的工序。剁菜时，刀与案板撞击，发出铿锵有力的"嘭嘭"声，由于用力大小在不断地变化，这声音便发出了富有韵律感的强弱节奏变化，像特别优美的乐曲，传到四邻八居。人们都希望自己家的剁菜声音是全村最响的，也是时间最长的。肉加菜调馅，谐音"有财"，剁馅声最响且时间要长，美其意曰"长久有余财"。剁菜的时间越长，说明包的饺子就多，象征着日子红火富有。

年三十包饺子的形状也有讲究，大多数地区习惯保持传统的弯月形。这种形状包制时，要把面皮对折后，用右手的拇指和食指沿半圆形边缘捏制而成，要捏细捏匀，谓之"捏福"。有的农家，把捏成弯月形的饺子两角对拉捏在一起，呈"元宝"形，摆在盖帘上，象征着财富遍地，金银满屋。也有的农家，将饺子捏上麦穗形花纹，像一棵棵颗粒饱满、硕大无比的麦穗，象征着新的一年会五谷丰登。但更多的是把饺子包成几种形状，预示着来年能财满屋，粮满仓，生活蒸蒸日上。

年三十包的饺子，不仅形制上有讲究，就连摆放也有定规。首先是不能乱放。俗话说："千忙万忙，不让饺子乱行。"日常包饺子，横排竖摆，皆随其意，年三十包的饺子则不行。山东等地盖帘子要用圆形的，先在中间摆放几只元宝形饺子，然后绕着元宝一圈一圈地向外逐层摆放整齐，民间俗云"圈福"。有的人家，甚至规定，盖帘无论大小，每只盖帘上只能摆放99个，且要布满盖帘。因此，只能靠调节饺子的间距和行距来实现，谓之"久久福不尽"。关于这个习俗，民间传说中还有一段有趣的故事：很久以前，在一个贫困的山村，有一户人家很穷，常常是吃了上顿没有下顿。到了年三十这一天，家里没有白面，也没有菜，听着四邻的剁菜声，心急如焚。无奈，只好向亲友借来米面。和好面后，又胡乱弄了点杂菜凑合成馅，就包起了饺子。因为面是借来的，所以包的饺子就格外珍贵，摆放时，就一圈一圈由里到外，非常整齐，也很美观。刚刚从天庭回来的灶王爷看了很高兴。同村有个财主，家有万贯家产，平日山珍海味的吃惯了，根本不把饺子放在眼里。大年三十这天用肉、蛋等料调馅，包成了饺子，乱放在盖帘上。不料饺子下锅煮熟后，一吃味道全变了样。猪肉馅变成了萝卜菜。而那户穷人的饺子却变成了肉蛋馅的。原来，是灶王爷对财主家包饺子的态度很不满意，为了惩罚他，就把两家的饺子给暗中调了包。第二天，这事便在村里传扬开来。从此，人们再忙，年三十的饺子也要摆放得整整齐齐，以讨个"圈福"的口彩。但是在黑龙江部分地区的农家，饺子却不能摆成圆圈。据说把饺子摆成圆圈，会使日子越过越死。必须横着排成行，这样方能使财源四通八达地涌来。

大年三十不仅要包饺子，也要吃饺子。俗语云："大年三十吃饺子——没有外人。"说明年夜饭的饺子是亲人团聚的象征。这天的饺子，要在除夕的时候吃，不仅有家人团聚之意，又取更新交子之义。除夕吃饺子的习俗，由来已久，至少在元明时已经形成。《明宫史》就记录过过年吃饺子的食俗。"五更起……吃水点心，即扁食也。"后经传承完善，便形成了后世民间除夕吃饺子的习俗，以为辞旧更新之义。除夕夜的饺子，是伴随着辞旧迎新的鞭炮的响声，将饺子下入沸腾的锅内，煮熟捞出后要先供诸神、列宗，然后伴着其它食品吃饺子。

年三十夜煮饺子也有讲究。烧火用的柴草，要用豆秸秆或芝麻秸秆，寓有火越烧越旺，来年的日子像芝麻开花一样节节高。锅里煮饺子，不能用铁铲乱搅动，要顺着一个方向，贴着锅沿铲动，形成圆形，与摆放饺子之义相同。在山东东部，煮的饺子一般要故意煮破几个，但不能说破、碎、烂等忌语，而要说"挣"了或"涨"了。因饺子内有菜，菜谐音"财"，故饺子"挣"了，是"挣财"，图个吉利，讨个口彩，以增加除夕夜的欢乐气氛。在甘肃中部一些地方，除夕夜煮饺子时，还要加入少许面条共煮，同食，美其名曰"银丝缠元宝"。面条要细，饺子要包成元宝形，寓意长寿发财，也是图个吉利，寄托人们的美好希望。

吃饺子时，也有俗规。第一碗要先上供，奉先祖，供诸神。这上供的饺子也有讲究，河北民间有"神三鬼四"之说。就是给诸神上供3碗，每碗3个；给列祖列宗上供用4碗，每碗盛4个饺子；唯有灶王爷最不受尊敬，上供只上1碗饺子，碗里只盛1个，但有的人家过意不去，就随便盛几个。有的地方，饺子端到供桌之后，家里老人还要虔诚地念上一段祷告式的顺口溜，如：

> 一个扁食两头尖，
> 下到锅里成万千。
> 金勺舀，银碗端，
> 端到桌上敬老天。
> 天神见了心喜欢，
> 一年四季保平安。

第二碗饺子要端给牲畜，以表示对牲畜的爱惜。旧时，大牲畜如牛、马等是农家的主要劳动工具，人们也希望牲畜

像人一样迎来平安顺利的一年。第三碗家人才开始食用。除
夕的年夜饭，本来种类很多，但其它均可不吃，唯有饺子必
须要吃。吃时还要记清，以吃偶数为佳，不能吃单数。有的
家里老人边吃边口中念念有词说："菜（财）多，菜多"等吉
语。饭后盛饺子的盘、碗，乃至煮饺子的锅，摆放生饺子的
盖帘上，都必须故意留下几个（偶数），谓之"年年有余"。甚
至连包饺子用的菜馅、面团也要有"余头"。

（二）初一饺子初二面

"初一饺子初二面，

初三盒子（馅饼）往家转。"

这是新年期间流行于北方民间的一句谚语，反映了初一
早晨吃饺子的习俗。

除夕刚过，便迎来了春节，民间俗称大年初一。大年初
一，是正儿八经的饺子节。饺子是这天早餐唯一的主食，北
方地区几乎家家如此。清人富察敦崇在《燕京岁时记》中说：
"是日，无论贫富贵贱，皆以白面作角而食之，谓之煮饽饽，
举国皆然，无有不同。"大年初一早晨吃饺子之俗虽非举国皆
同，但至少在我国北方是非常普遍的。河南《修武县志》记

载清朝年间，当地人"正月元旦鸡鸣起，祭神祀先，火鞭爆张声闻四邻，灯烛达旦。黎明饭扁食。"民国年间《重修正阳县志》也载："正月元旦……醢肉裹面食之，曰水饺，亦曰馄饨，熟食。"《济南快览》也有类似的记录。由此可见，正月初一吃饺子确是民间由来已久的传统习俗。

大年初一早餐吃的饺子，一般是年三十夜里包好的。初一早晨五更时分，全家人起床，更换新衣，先在院内燃放爆竹火鞭，然后煮饺子。当热气腾腾的饺子从锅里盛出后，要先举行接灶神祭祖活动。先将饺子摆于供桌之上，待家人洗净手脸，点燃香烛。一家之主在供桌上摆上大枣花馍、饺子、果品之类，然后由一位长辈燃纸钱行礼，有的并口中念些祝福语。祝词大多为求保平安、降福一类的吉祥顺口溜。如：

> 大年五更心里净，
>
> 梳头洗脸来摆供。
>
> 金香炉，银供桌，
>
> 大米白馍供佳果。
>
> 栗子、红枣和糖果，
>
> 全家老少把头磕。
>
> 保佑俺：

　　吃陈粮，烧陈柴，

　　明年有财打这路来。

　　在鞭炮轰鸣、香烟缭绕的气氛中，全家人端饺子上桌，围而食之，其乐融融。

　　大年初一吃饺子，除了一些庄重的祀礼仪式之外，还有许多有趣的活动。较普遍的习俗，是在饺子内包上若干吉祥物，吃时大人孩子可以不拘礼节，争相挑拣，以吃到的吉祥物多者为佳。包在饺子里的吉祥物，一般为硬币、栗子、大枣、花生米、糖块等。硬币象征财富；栗子、大枣谓之一年事事顺利，财运早来到；花生米，又名长生果，有寓长寿之意；糖块则有生活甜甜蜜蜜之意。包入饺子内的吉祥物，数目按家庭人数多少而定，但要取双数，即偶数，如2、4、6、8等。家里人口多的，可多放些，反之则少放些，但要保证全家每人都能吃到至少一件吉祥物。既满足了人们迈入新的一年对未来美好生活的良好期冀，又增加了节日欢乐热烈的气氛。尤其在旧时孩子多、家口大，有的三世、四世，乃至五世同堂的大家庭中，初一早晨吃饺子时的欢声笑语，伴着挑拣饺子的争吵声，充满了整个农家小院。

　　饺子内包入吉祥物于大年初一早餐抢吃的习俗，在北方不仅广为盛行，而且传承久远。《顺天府志》载：明朝顺天府的人民，正月初一日，五更时分起床，焚香，放纸炮，饮椒柏酒，吃水点心，即扁食也。或在扁食内暗包银钱一二于内，得之者以卜一岁之吉。《酌中志》等书中也有类似的记载。初意为卜一岁之吉，发展到后来，内容扩大，寓意也增加。人人都希望能在初一早晨吃到最多的吉祥物。一般来说，老年人重视吃硬币和花生米的数量，希望自己有钱和长寿；青年妇女则重视吃到红枣、栗子的数量等等。

除了在饺子内包裹吉祥物的习俗外，各地还有许多独特的习俗。河南有的地方，称吃饺子为"喝汤"。年三十夜和初一早餐均吃饺子，人们于初一上午见面都互相讲"喝汤早"的问候语。有些养牛的人家，在大年初一的早上，要将第一碗饺子端给牛吃，让牛也和全家人一样，过年吃上一顿好饭，以希望在新的一年中，牛能百病全无，身强力壮，为主人出力，保证粮食丰收。所以，民间有"打一千，骂一万，大年初一吃顿饭"的俗谚。

还有的地区，初一早晨的水饺内，还要加入少许擀制很细的面条，煮好后盛碗中同食，名曰"金丝穿元宝"。只要吃了金丝穿元宝，来年一定有财发。据《中华全国风俗志》"沘源县之年节"云："元旦日早餐，仍为扁食，唯添扁条少许，美其名曰'金丝穿元宝'。面（扁）食内预包制钱一文，若食得之者，本年内必有大庆……。初八日为财神生日，各家仍吃扁食，谓为财神所赐之元宝。"山西西北部的一些农家，则称初一早晨煮饺子为"捞元宝"，他们把饺子包成元宝形，说初一吃饺子是祝愿人们招财（饺内馅有菜）进宝（饺子为元宝形）的意思，所以很隆重。这与旧时农村长期贫穷的生活有着直接关系，人们希望借助过年"捞元宝"的形式，求得新一年的富裕生活。

我国北方大部分地区春节早上吃饺子，是寓以吉祥快乐之意。但在山西西北部的部分地区，却以吃饺子来发泄人们心中的恨。他们包的饺子，以肉多菜少为馅，初一早上家家户户都吃有肉的饺子。据传说，汉朝时，北方的匈奴有两个将军，一个姓浑，一个姓屯，经常南侵，骚扰人民，使人们受尽了战争之苦。当地人民极端仇视他们。每年春节一到，匈奴人也都回去过年，人们才能得以暂时的安宁。人们希望年年月月都能像过年一样，不受侵扰，于是就制作了一种用面皮包着肉馅的食品，取其两个将军之姓的谐音，名为"馄饨"，意思是把浑、屯两将军的肉包而食之。这种食品专门在新年伊始时吃掉，以示新年里不会再有人来侵害他们。由于三更时分，正值新旧"交子"之时，后来，馄饨就改称为"饺子"了。事实上，大年初一早餐吃饺子，无论是为了招财进宝，还是祈求平安，皆寄托了人们对生活的一种美好愿望。

大年初一的饺子，还有一个特色，就是以素馅为多。山东、安徽、河南、山西等地民间皆吃素馅饺子。胡朴安在《中华全国风俗志·山东·济南采风录》中说："元旦用面作角子，齐俗用素馅者多，省垣谓之水包子。……此则不独东省为然，北数省皆盛行之。"山东的济南、泰安等地民间，至今正月初一早上吃素馅饺子。安徽皖北地区民间，大年初一早餐也吃素馅饺子，取"素素净净过一年"之意。他们认为只有一年素净，就会少惹是非，生活就会平安，同时吃素馅饺子也表达全家敬神的一片虔诚之心。也有的人认为，初一早上吃荤馅饺子，意味着昏昏沉沉过一年（荤与昏谐音）。为此，初一早上人们以吃素馅饺子为多。

大年初一吃饺子，是北方人传统的风俗习惯。然而，在河南北部黄河两岸的一些地方，有不少人家大年初一不吃饺子。这种风俗，据说与岳飞抗金有关。

传说宋朝时候，金兵南侵，攻陷了北宋国都汴梁。南宋朝廷赵构在临安苟且偷安，不思收复国土，激起了广大爱国文臣武将的不满。岳飞率领南宋爱国将士，屡次打败金兵。郾城一战，一举击败金兀术统帅的一万五千多精兵，杀得金兵丧魂落魄，落荒而逃。岳飞乘胜追击，一直打到朱仙镇，安营扎寨，准备联合河北各路义军，在汴京会师，彻底消灭金兵。就在这时，奸臣秦桧唆使高宗皇帝跟金兵议和，为了催促岳飞班师回朝，竟一天给岳飞发出十二道金牌。岳飞接到一块块金牌，悲愤交加。十年的战功与抗金的胜利，眼见毁于一旦。百姓闻听此讯，蜂拥而来，有的跪地苦求，有的牵马挽留。但岳飞身为朝廷命官，不得不服从军令，于是含泪告别乡亲，率军南下。

谁知岳飞刚到临安，秦桧便以莫须有的罪名，将岳飞杀害。那天正是除夕，汴京一带的百姓和黄河两岸的义军正准备过年，听到岳飞被害的消息，人们悲痛欲绝，包好的饺子没有一个人能够吃下。后来，人们干脆把饺子连汤倒在地上，用来祭奠英灵。从此以后，这里的人们把岳飞遇难的日子作为祭奠日。每逢大年三十和初一，谁也不包饺子，至今此俗在部分地区传承。人们把初一不吃饺子的风俗与岳飞英勇就义联系起来，是出于对岳飞这位民族英雄的热爱和尊敬。人们的情感改变了习俗，风俗因此也具有了感情色彩。

（三）"破五"饺子"补窟窿"

> 略同汤饼赛新年，
> 芥菜中含著齿鲜。
> 最是上春三五日，
> 盘餐到处定居先。

这首题名为"水饺"的竹枝词，摘自清人何耳、易山著的《燕京竹枝词》（载《清代北京竹枝词》，北京古籍出版社，1982年1月，89页），虽说算不上是什么佳作，但却通俗地记述了水饺在北方新年期间的主角地位。一般家庭，春节时候，至少要从初一吃到初五才能算一个段落，乃至吃到正月十五元宵节。谚中虽说"初一饺子初二面"，但实际上，大多农家初二也是吃饺子。初二吃饺子、供饺子说是为了接财神，同时还要供公鸡、活鲤鱼等。东北地区，初二吃饺子，是为了祭财神及送走回家过年的诸神、列宗，因而初二的饺子谓之"送神饺子"。在山东等地，则谓之"送年饺子"，寓意差不多，一般是在晚餐煮食。也有的地方，这天吃的饺子，必须包成元宝形，煮食时连饺子汤一起盛碗中，供神和自食，谓之喝

"元宝汤"。因此日为祭财神，故要喝"元宝汤"，象征财富能滚滚而来。

然而，北方人吃了初一的饺子之后，虽几乎每天都少不了，但最讲究的还是"破五"的饺子。《天咫偶闻》记载："正月元日至五日，俗名破五，旧例食水饺五日，北方名曰煮饽饽。今则或食三日、二日或间日一食，然无不食者，自巨室至闾阎皆遍，待客亦如之。"这说的是清朝年间的情况。安徽皖北地区，正月初五，又称破五，这天要吃素饺子，谓之破五饺子。民间说破五吃饺子是为了"补窟窿"，有预防疾病的寓意。民谚有"初五吃顿扁（即扁食），一不吭，二不喘"。破五习俗，也有的地方认为是吃顿饺子，填满了去年的穷坑，预示着新的一年不会再受穷。因为，初五之后，有的农家就要开始准备春耕了，虽然并非是正式农耕，但却意味着年过完了。破五吃饺子，谓之填穷坑（也就是窟窿）的习俗，是旧时农民被贫困的生活所迫，而寄予来年丰收的一种良好的心理愿望。有的贫困地方，甚至把除夕夜的饺子，也叫填穷坑。据民国版《重修滑县县志》载：老妇及小儿夜半不寐，围炉嬉戏，至六更者，谓之守岁，夜半食馄饨，谓之填穷坑。此处的馄饨，其实就是饺子。新年尚未过，就先填穷窟窿，未免太失去了节日的欢愉之情。为此，当地有位文人曾作有竹枝词一首，对此习进行了记述：

> 穷坑填罢岁华周，
>
> 除夕风情属庙游。
>
> 社鼓咚咚声不断，
>
> 灯笼照遍四街头。

（见《麦黍文化研究论文集》，甘肃人民出版社，1993 年 10 月，第 144 页）

无论破五日，还是除夕，吃饺子填穷坑，无不表达了旧时人们对幸福生活的向往之情。

（四）杂粮扁食"石头生"

新春自正月初一开始，在民间，每天都有特定的意义。如初七为人日，初八为转八日等。在北方地区，正月初十这一天，传说是石头的生日，讹十为石，又称"石不动"。就是这一天不准搬石头，也不能搬动与石头有关的东西，如碾、磨、石臼、捶布石等，恐怕因此伤害了当年的庄稼。在许多地方，农家还要按传统的习俗，举行一些祭拜石头神的活动。在安徽北部及河南、山东南部的一些地方，初十日，家家户户用杂粮面调成面团，包成杂粮饺子煮食，美其名曰"石头生"。意味着春节过后，就准备大干春耕。而许多地区春天往往因干旱而无法下种。所以，人们在这一天要吃由杂粮包好的饺子，传说吃了杂粮饺子，是为了准备出大力，就是土地干得像石头一样，也要它生长出庄稼来。

本来，在新年正月里，人们都习惯以吃精米白面为节日添彩。而杂粮大多属粗粮，这在传统的节日食品中是不多见的。正月初十吃"石头生"的杂粮水饺，还有一段有趣的民间传说。相传，很久以前，在淮河北岸的一个村庄里，有一户人家，家里很穷，平时总是半年粮半年菜地过日子。这一年春节，好不容易凑合了点白面，刚好够初一早上吃饺子用的，算是全家过了个欢喜年。可是到了初十这一天，按传统也要吃饺子，拜祭石头神，以保佑一年粮食丰收，事事顺利。但仅有的一点白面已经用完了。在万般无奈的情况下，这家女主人灵机一动，心想，只要心诚，没有白面，用杂合面包顿饺子吃，想必石头神是不会怪罪的。于是就把家里的地瓜面、豆面等掺和起来，包成了杂粮饺子，全家高高兴兴地吃了一顿杂粮饺子。想不到，这一年正好淮河两岸遇上了大旱，到插秧时，土地干得像石块一样，无法下种，家家户户都为此犯了难。唯有那户穷人家仅有的几分薄地，虽不靠近河边，却不知何故，土壤到了下种的时候，变得一片湿润。这家主人，于是抓紧时间播下了种子，赢得了一个丰收年，这在当地被视为神话到处传扬。后来，有人说，因为这家主人心诚，感动了石头神，于是将地下的泉眼石头移到了这户人家的地下，让地下的泉水浸透了土壤，给这家贫困的生活送来了一份希望。后来，此事越传越神。第二年正月初十日，许多人家也开始学着样子，在这一天包杂粮饺子吃，取名"石头生"。这个故事显然是子虚乌有的编造，但在生产条件落后的年代，人们多么希望有一个风调雨顺的年景，于是就借这种食俗的形式表达出来，这也是我国民族食俗文化的一个特征。

（五）"老鼠嫁女"吃饺子

在河南的部分地区，至今流传着"老鼠嫁女"吃饺子的习俗。相传农历正月十七日，是老鼠嫁女的日子。这一天，恰和正月十五元宵节相连，许多农家要包饺子吃。一是为了改善生活，二是为了给老鼠嫁女助兴、同乐，以和人类的天敌老鼠搞好关系，免遭侵害。此俗在当地民间流传甚广。传说，古时候有一位老人，有一天在一个粮仓边，发现了一只老鼠，因偷粮仓里的粮食，不巧被设在粮仓门口的铁夹子给夹住了。正在挣脱之机，被老人遇上。老人家看到老鼠被夹的可怜样子，就生了恻隐之心。于是，就上前打开夹子，救了这个老鼠。没想到，被老人救下的是一个老鼠精。当时，老鼠精摇身一变，变成一个美丽的姑娘，恰好老人膝下无女，就认老鼠精做了自己的干女儿。农历正月十七日，是老鼠女儿出嫁的日子，老人按人间习俗，于此日包了一顿饺子让女儿吃，然后高高兴兴地送老鼠精女儿上了轿。由于老鼠女儿的关照，老人家的粮食从未遭到鼠害，而且总是仓满囤流，令老人好不高兴。从此以后，人们就学着老人的样子，在正月十七这一天，包顿饺子吃，然后吹灯早早睡下，唯恐惊扰了老鼠的喜事。也有的老人说，正月初七、十七、二十七都是老鼠节。俗语有"初七娶媳妇，十七嫁闺女，二十七日添娃娃。"这三天都要吃饺子，而以正月十七"老鼠嫁女"最为重视。因为，在人们看来，把老鼠女嫁出去，给了人家，自己家也就免去了鼠害。吃饺子虽说是为了给老鼠助兴，其实是为了给自己去害，这是民间祀鼠的一种形式。

老鼠嫁女，世人吃饺子与之同乐的原因，其实是多方面的。原因之一，是由于人们对老鼠的惧怕和痛恨而起的。在生产力十分落后的古代，人们生产的粮食本来就不十分充足，却屡屡遭到老鼠的偷窃，而且还时常损坏人们的衣物、家具等，于是人们产生了对老鼠的抱怨和惧怕。由于老鼠个体小巧精灵，加之狡猾多变，人们还没有足够的智慧去战胜它，甚至不能有效地防御它的活动，于是人们就不得不换一个方式，去尊敬它，向它表示出亲热的态度，以达到与鼠"和平共处"的目的，互不相害。原因之二，是由于老鼠的繁殖力较强，与我国传统的多子多福观念相吻合。于是，民间又把老鼠作为多子多福吉祥的象征，加以崇拜，许多民间年画，都以《老鼠娶亲》、《老鼠精嫁女》的传说为题材，就是很好的证明。正月十七日食饺活动与老鼠嫁女的传说联系起来，也表达了人们多子多福、子孙满堂的美好愿望。

（六）清明艾饺悼亡魂

> 清明时节雨纷纷，
>
> 路上行人欲断魂。
>
> 借问酒家何处有，
>
> 牧童遥指杏花村。

这首描写清明节的著名诗篇，出自唐代大诗人杜牧之手，至今几乎无人不晓。清明节至少在唐朝时已成为平民百姓上坟祭祀先祖、追悼亡灵的特殊日子。这一习俗经千余年的演变发展，至今在我国各地传承沿用，并且已由最初"清明墓祭"的习俗，又增加了迎春、踏青等内容，成为活动内容更加丰富的民俗节日。

举凡节日，就离不开美食，说到美食就自然少不了饺子。不过，饺子在清明节除了用于悼念亡魂之外，还有其特殊的意义。在浙江、江苏、山东的南部地区，民间均有于清明节吃"艾饺子"的饮食习俗。这种艾饺子，是人们在清明节前从山里采挖的艾草及其它青绿的野菜，经过焯水等工艺处理后，调制成饺子馅，或将艾草捣碎调和在面团中，包成饺子，于清明日食用。在浙江和江苏的一些地方，因为面粉很少，所以，也有吃"青草团子"的习俗，但有条件的地方，还是习惯包艾饺子吃。据说，清明节吃艾饺子或青团子的习俗，是源于清朝年间民众保护太平军的故事。相传有一年的清明节，浙江海盐的农民正在田中忙着翻耕土地，插秧种田。这时，一个太平军将领在清兵的追赶下，逃到这里。就在这位将领非常危险的境况中，人们帮他换下太平军的服装，穿上老百姓的衣裳，假装成农民在田里干活。清兵抓不到太平军将领，就在周围搜捕。那位太平军的将领由于几天几夜没有吃到东西了，此时已是肚饥力乏，眼看就支撑不下去了，但其他农民又不敢在清兵的眼皮底下给他饭吃。其中，有一个农民急中生智，回家用煮熟的艾草，拌上糯米粉，做成青艾团子，包在水草中，挑到田头，一把把地丢进水田。清兵以为是农民在给秧苗施肥料，也就没有在意。那位将领却一边干活一边吃这青艾团子。肚里有了饭食，精神、体力得到了恢复。不久，他就返回了太平军大本营。从此以后，每到清明这天，人们总要做些青艾团子吃，以表示纪念。有面粉的地方则用艾草和面，制成面皮包成饺子吃。因为，是青艾团子骗过了清兵，当地人们认为艾草有驱邪禳毒的威力。所以，后来清明节吃艾饺子或青艾团子，就有了为百姓驱除邪毒，保护一家老少平安的寓意。由于艾草有苦涩味，所以，人们就在饺子内包入用白糖芝麻调成的饺子馅，捏成海燕状，成品色泽翠绿、味道清香，食之别有风味。

如今，在山东的济宁、临沂民间，清明仍然吃饺子，但艾饺子换成了美味的白面饺子，并且煮上鸡蛋，用面团蒸制成燕子形的礼馍，于清明节，祭过祖墓后食之。据说，清明节食鸡蛋有明目清心之意，而吃燕子礼馍则有接春、欢迎春燕北归之意。

在我国的北方,如山西晋东南地区,也有吃青菜饺子禳毒的习俗,但不是在清明,而是在二月二日。农历的二月二日,是民间传统的"龙抬头日"。这一天,晋东南地区的民间,要用从田野里采挖来的荠菜等野菜制成馅子。野菜一般为五种,象征五毒,然后包进饺子,煮而食之。据说是把五毒包进饺子中吃掉,以使一年内全家人不受毒害,保佑人身平安。

(七) 七夕姑娘七巧饺

农历的七月七日,民间习惯上称为"七夕"。相传七夕为牛郎织女双星相会之日,故又有"双星节"、"情人节"等称谓。明代的罗欣在所撰的《物原》中说:"楚怀王初置七夕。"七夕成为民间节日,是否有如此久的历史,不得而知,但由来已久,却是可信的。魏晋南北朝以后,七夕增加了乞富、乞寿、乞子、乞巧等内容,后来演变成为专供女子乞巧的日子,故又名"乞巧节"。"

乞巧节也叫"七巧节",在我国各地,都有不同形式的乞巧活动举行。《济南府志》记载:"七月七日为七夕,妇人陈瓜果于庭中，结彩楼，穿针乞巧，有蟢子网于瓜上为得巧。"
在旧时，这是最为普遍的乞巧形式。山东单县的七月七日之
夜，乞巧活动十分热闹，少女们穿着新衣，三五成群地聚在
庭院中，摆上香案，陈列瓜果和各种化妆品，一起祭拜七夕
姐姐，边拜边唱：

> 天皇皇，地皇皇，
>
> 俺请七姐下天堂，
>
> 不图你的针，
>
> 不图你的线，
>
> 光学你的七十二样好手段。

唱罢，每人从老太太手中接过一根针、七根线，借着香
头的微光，穿针引线。谁穿得上线，谁就算得巧了，穿得快
者最巧。

山东鲁西南地区则独具一格，这里的姑娘有于是晚包七
夕饺子吃的习俗，叫作吃"七巧饭"。一般是由村里的姑娘自
愿结伙，七个要好的姑娘集在一起，各自从家里拿出一些面、
菜、调味料，凑齐后，在一家的家里，调馅和面，包成饺子。
包饺子时，还要分别在饺子内包上一枚铜钱，一根针，一个
红枣。煮熟后，供于桌上，开始进行穿针引线等乞巧活动。

待乞巧活动进行完毕后，她们才一起将供在桌上的饺子拿来吃。据说，吃到钱的有福，吃到针的手巧，吃到红枣的预示着早结婚育女。

七夕吃乞巧饭，包饺子的习俗，在河南的北部山区最为流行。他们于是晚在村里举行乞巧大会，其中主要的内容就是包乞巧饺子和吃乞巧饺子。这里的七巧会是在每年的农历七月初六晚上进行的，一年一度，颇具闺阁情趣。

这一天，左邻右舍未婚的姑娘七人凑成一组，大家和面，包七碗小饺子，做七碗面条汤。另外包七个大饺子，饺子的馅由七样蔬菜做成，内包用面做成的七样东西，如针、织布梭、弹花锤、纺花锭、剪子、蒜瓣或算盘珠（象征能掐会算、聪明伶俐）等。所包七样东西，要由七位姑娘确定，分别代表七位姑娘的愿望。这晚，七位姑娘把供品放在偏僻清静的地方，焚香燃烛，化烧纸钱，一齐跪在月下向织女诚心祈祷：

生活茶饭，

多教七遍，

七个姑娘给你来送饭。

念完祷语后，七个姑娘分吃水果和七碗小饺子。然后把七个大饺子放在竹篮内，挂在椿树上。七个姑娘在树下一起守夜，看守竹篮，此活动称为"守巧"，谨防爱开玩笑的男孩子偷吃，把"巧"（大饺子）偷去。第二天清晨，七个姑娘闭上眼睛，在竹篮内各摸一个大饺子。谁摸的饺子内包有线或剪子，谁就是未来的巧手，摸到织布梭、弹花槌等则象征是未来的织布能手，摸到算盘珠者就意味着她很聪明等。河南东部地区的乞巧活动也和北部大同小异，但时间却是在七月七日晚上。主要内容也是包饺子、吃饺子、玩饺子，把饺子视为载"巧"的工具和媒体，借以表达农家妇女热爱生活的良好愿望。

这种乞巧吃饺子的活动，虽然与姑娘们的实际聪明才智没有什么直接关系，但通过这种活动，却能给姑娘们以充分的信心，使她们日后学习技艺，更加勤奋，更加努力。现在，乞巧习俗虽然仍在农村流行，但已失去了原始的意义，取而代之的是以少女、少妇游戏娱乐为主的活动形式。

（八）六月一日"过半年"

过大年吃饺子，这是我国传统的食俗习惯。而在山东的一些地区，旧时还流行在农历的六月初一过"半年"的习惯，因为，六月初一正好是一年之中。过半年同样也像过大年一样，要包饺子、供祭品，祭祀诸神及列祖。

　　过半年的习俗，最为流行的是山东北部的宁津一带。《中华全国风俗志》"宁津六月之两节"中记载了宁津人家过"半年"的习俗："宁津人民，每逢阴历六月初一日，家家皆食馄饨，名为'过半年'。究其源流，盖因前清光绪年间，此地瘟疫流行，死伤之人甚多。"这里所说的馄饨，实际上就是饺子。"过半年"之因由瘟疫而来的传说，至今在当地流传。相传在清朝的光绪年间，山东的宁津一带，入春以来，当地人莫名其妙地传染上了一种瘟疫，且流行很快，无人能医。各村都有不少人因染上了瘟疫无药可治而死亡，有的严重的村庄到了五月中旬，已死人过半，其状惨不忍睹。就在人们眼看着四乡八邻一个个熟悉的身影离开人世、地里的庄稼无人管的情况下，有一天，从黄河岸边飘然来了　位白胡子的老头。他来到一个村庄，见到一个老太太在村头正准备埋葬自己的女儿。那老头上前问老人家的女儿是为什么死的。老太太满眼噙着泪水说，今春此地流行一种瘟疫，非常厉害，无人能治。她家连同刚刚死去的小女儿共有七人被瘟疫夺去了生命，现在仅剩下老太太一人。白胡子老头听后，屈指略有所思，然后面对躺在土中的小女孩，吹了一口仙气，小女孩即时醒了过来。老太太见此情形，知是遇上了神仙，于是和小女儿拜倒在地，求解救村人之法。那白胡子老头一捋胡须说，此瘟神乃系上天派去东海降魔的，路过此地，欲休息一日。因天上一日，就是地上一年，所以，此瘟疫不能用药治愈，待年终瘟神去后，瘟疫自然消除。老太太听后，刚要抬头问现在如何躲避之法，但已不见了白胡子老头的影子。老太太虽未得到解救之法，却因女儿死而复生，悲喜交加。于是，赶忙回到村里，把此事告知乡邻，人们凑在一起，纷纷出主意，想办法。其中有一人，听后略有所思地说，既然这瘟神要在这里过上一年，我们何不提前过年，再过三天，就是六月初一，正好是一年之半，我们干脆就提前过年，驱走瘟神。众人听罢，皆齐声赞同。于是分头筹备过年之物。为了达到驱瘟的目的，人们所备年货，一如新年之用。到了五月三十日子夜，人们点燃爆竹，摆上供桌，将包好的饺子，下锅煮熟后，全家像辞旧迎新一样共度佳节。

那瘟神听到爆竹声声，家家包饺子过大年，以为年关已过，怕误了圣旨，急忙离开此地，向东海去了。"假年"过后，果然瘟疫消除，人们又恢复了往日的生机。从此以后，这一地区的人们就在每年的六月初一过年，以祈求上天降福免灾。

因六月初一日正好是一年的中间，所以后来就称作"过半年"。过半年，吃饺子的习俗至今尚在部分地区流行。

（九）冬至饺子夏至面

> 冬至饺子夏至面，
>
> 重阳前后迎霜宴。

这是流传于北方广大民间的一句节令食俗谚语。冬至饺子，也有说成冬至馄饨的，实际上现在都是吃饺子。

冬至是农历中的二十四节气之一，民间称之为"冬节"。《汉书》有"冬至阳气起，君道长，故贺"的记载。认为冬至过后，白昼一天比一天长，阳气上升，是个吉利的日子，因此颇值得庆贺。清人潘荣陛《帝京岁时纪胜》载有："预日为冬夜，祀祖羹饭之外，以细肉包角儿奉献。"据《新乡县续志》载："十一月冬至，例食饺子，有贺节者，乡间老妇赴城隍庙烧香，供饺子，谓之接九。"看来，古人冬至吃饺子时，还伴有一些祭祀活动。现在，许多地方已不见用饺子祭祖的习俗，但至今冬至吃饺子，却是在民间广为流传。俗语有"冬至到，家家户户吃水饺"。这一天，不论贫家或巨富，家家都要吃饺子，或是肉饺子，或是素饺子，或是荤素搭配的饺子，无论如何也要吃上一顿。吃饺子的原因，据说是由张仲景引起的。

东汉时候，河南南阳地方有个张仲景，是个名医。他医术很高，不管什么疑难病症，都能手到病除，人们称赞他是妙手回春的医圣。后来张仲景在长沙做官，几年后他告老还乡，那时正是冬月，寒风刺骨，雪花飘飘。他走到白河岸边，看到那些为生活东奔西走的穷乡亲们，面黄肌瘦，衣不遮体，有好些人的耳朵都冻烂了，他心里非常难受。

张仲景一到家，前来登门求医的人很多，他虽然很忙，可心里总是想着那些冻烂耳朵的乡亲们。他叫他的弟子在南阳东关的一块空地上搭了个棚子，盘上大锅，在冬至那天开张，给穷人舍药治冻伤。舍的药叫"祛寒娇耳汤"，做法是用羊肉、辣椒和一些祛寒药材放在锅里煮熬，等煮好后把羊肉药物捞出来切碎，用面皮包成耳朵样子的"娇耳"下锅。然后分给来讨药的人们，每人给一大碗，两只娇耳。人们吃了娇耳，喝了祛寒汤，只觉得浑身发暖，两耳生热。

再说张仲景在长沙做官的时候，经常为当地百姓治病，受到那里百姓的爱戴。他告老还乡后，长沙的人们想念他，每年推选几位德高望重的老人，带着乡亲们的心意来看望他。

那年，张仲景身染重病，长沙老人说，长沙有一好坟地，叫他寿终时葬于长沙。南阳人哪里肯依。张仲景对两边的人说："你们不要争啦。我生在南阳，不能忘家乡的养育恩；我吃过长沙水，也不能忘长沙的父老情。我死了，你们抬着我的棺材，从南阳向长沙方向走去，灵绳在哪里断了，你们就把我埋在那里。"众人听罢，就答应了。正好是那年的冬至，张仲景病故了。长沙来了许多人吊丧，并按照他的遗嘱，南阳和长沙人共同抬着棺木，朝长沙走去。当走到当年张仲景施舍"祛寒娇耳汤"的地方，灵绳突然断了。于是人们就把他葬在了那里，并在坟前竖碑修庙，供奉医圣。张仲景是冬至这天去世的，又是在冬至这天开始舍"祛寒娇耳汤"的，为了纪念这一天，每年冬至家家户户都要包饺子吃，并说冬至吃饺子，耳朵就不会冻掉了，而且"娇耳"又和饺子谐音。冬至吃饺子的习俗，就这样伴随着关于张仲景的传说，在中原大地广为流传。

也有的地方传说，冬至吃饺子与女娲有关。女娲用黄土捏出人类，最初的泥人冬天总是掉耳朵。女娲见状便用线一头拴住泥人的耳朵，一头咬在泥人嘴里。从此，泥人的耳朵就不再掉了。后来，人们怕冻掉耳朵，就把咬线变成了吃饺子。在医学不发达的年代，人们无力抗拒寒冷带来的威胁，只有选择饺子这种与耳朵极为相像的食物，作为象征活动，以求达到防止冻耳的目的。所以，至今有的地方民间还把冬至包饺子称之为捏"冻耳朵"。

民谚说："冬至大似年。"所以冬至又称"亚岁"、"小年"。在我国人民的眼里，年是一岁中最隆重的节日。既然冬至可以与过年相比，自然也就十分重视了。即使不为了怕冻掉耳朵，饺子也是要吃的。因为在人们心中，凡是过年，无论大年、小年，都要吃饺子。南方，冬天也温暖如春，人们没有冻掉耳朵之忧，但冬至日也要用糯米粉做成团圆子吃，取名"冬至团"，是为迎接冬至日的到来，并象征团圆之意。古人有诗云：

> 家家捣米做团圆，
>
> 知是明朝冬至天。

就生动地描述了南方人冬至日的习俗。

北方人冬至日吃饺子（或馄饨）的习俗，其实并非仅为怕冻耳朵才为之。据史料载，把冬至视为重要节日始于汉代，盛于唐宋年间。冬至日吃水饺以为节日之兴的习俗，至少在宋朝年间就已经成为定制。宋人周密在《武林旧事》中曾作过详尽的记述。宋朝的冬至日一如年节，"三日之内店肆皆罢市，垂帘饮博，谓之'做节'。享先则以馄饨，有'冬馄饨，年馎饦'之谚。贵家求奇，一器凡十余色，谓之'百味馄饨'。"宋人张镃在《赏心乐事》中也记有"十一月，冬至馄饨"之语。宋时的馄饨，虽和"角子"有别，但仍是今天水饺一类的带馅食品。其后，历代相沿成习。《明宫史》载，每届隆冬十一月时，人们就吃"炙羊肉、羊肉包、扁食馄饨，以为阳生之义"。明朝人虽然在饮食习俗上受到金、元两朝北方民族的影响，在冬至日增加了吃羊肉及羊肉包子等饮食活动，但冬至吃饺子、馄饨的习俗却沿承不改，及至清朝年间，此俗犹盛前代。清人所撰的《岁时杂记》对当时北京人家冬至吃馄饨的情景作过记载："京师人家，冬至多食馄饨，故有'冬馄饨，午馎饦'之说。又云'新节已故，皮鞋底破，大捏馄饨，一口一个'"。《民社北平指南》也说："十一月通称冬月，谚谓'冬至馄饨夏至面'者，盖是月遇冬至日，居民多食馄饨，犹夏至之必食面条也。"不仅京师是这样，其它北方地区大体相同。《遵化通志》载，遵化民间旧时每至冬至日，人们就"以面制馄饨，供神祭先，人食之，谓可不冻耳"。在清朝时，冬至虽然多为馄饨食之，其实，这里所说的馄饨大多就是饺子。《帝京岁时纪胜》就记载说："十一月冬至，祀祖羹饭之外，以细肉馅包角儿奉献。谚所谓'冬至馄饨夏至面'之遗意也。"由此看来，冬至吃馄饨的习俗大部分变成了吃冬至饺子了。

三、农家礼仪饺子显神通

在我国北方，饺子作为主食的一种，调剂了人们的生活，丰富了日常和节日餐桌上的饭食。然而，食饺习俗的内容远远不只这些，饺子作为一种特别的食品，和人们的整个生活过程结下了不解之缘。人从生到死，要经过若干的重大礼仪礼俗活动，在这些人生礼仪的活动中，无论是礼尚往来、生老病死、婚丧嫁娶，饺子始终伴随于其中。它作为人际交往的礼物，密切了亲友、睦邻关系，加强了宗族内部的联系，起到了稳定生活、活跃生活、丰富生活的作用。饺子也由此成为某些礼仪内容的祥瑞之物和馈赠亲友的佳品，成为一种内涵丰富的民俗文化载体。

（一）敬客馈赠奉饺子

中华民族是一个讲文明、尚礼仪的民族，贯穿于日常交际、礼尚往来活动中的习俗不仅历史久远，且又繁杂多样。

但无论何种礼节，待客以诚，馈赠以真，却是日常交往中的基本原则。

先说待客，孔子有"有朋自远方来，不亦乐乎"的人生体验，成为中华民族好客重情的高度概括。旧时农家，生活条件虽然较差，但客人进门，却是尽其诚心、倾其所有以待之。就说留客人吃饭吧，现在看来是再平常不过的事，但过去，一般人家都是半年粮、半年菜地维持生活，哪有富裕的精米白面。即使这样，好客的主人，也会把自家最好的食品奉献给客人。在许多北方的农家，最美好的饭食就是水饺。因此，水饺在过去民间成为接待亲友、贵客来访最为讲究的饭食，在较为贫穷的山村，则是非贵客不能献此。在山东的胶东地区，农家最贵重的客人一般是头遭到门的女婿，孩子的干爸、干妈，也就是"干亲家"。每当这些客人到门来，先奉茶以待，然后炒花生、葵花籽之类的小食品献给客人。午餐留客，除了下酒小菜，饺子是万不可缺的。因为此时，主食只有吃饺子，才能显示出客人的尊贵，也最能表达出主人对客人的真诚之情。有的人家，舍不得全家随客人共吃白面饺子，常常是包一部分精白面饺子让老人陪客人吃，再包一部分杂粮面饺子，以供家人食用。这样既不使主人丢人，也满足了家人的饮食欲望。这种用饺子待客的习俗至今仍在北方民间广为流行。至于年节期间有亲友来往，吃饺子更是家常便饭。

不仅待客吃饭献饺子，日常往来所馈赠的礼品也常常是饺子。尤其是旧时出嫁的女儿孝敬自己母亲所奉送的食品，最常见的莫过于饺子。在山东旧时的许多农家，来了客人，要包饺子，除了供客人吃饱外，还要多煮出一些，盛于大碗内，用干净毛巾盖严，置于竹篮内，让客人带回家，给老人或其他家人吃。主人并且客气地告诉客人说：家里没有别的东西，几个饺子，带回去，给老人尝尝。这时的饺子，实际上已经超越了食物本身的意义，而成为传达友情的一种载体。对于那些出嫁多年，而仍然挂念着亲生母亲的农家妇女来说，所能做到的也只有逢年过节，或遇喜庆日子及老人生日时，给老人送点食品，以表达女儿对母亲的一片孝心。所送的食品，最常见的也是饺子。每逢年节，女儿除了包足够供家人吃的饺子之外，仍要多出一部分，煮熟趁热让孩子送去。路近者，往往是饺子送到老人手中，热气尚存。做父母的看到这热气腾腾的饺子，不吃心里也有几分喜欢。尤其对于那些体弱多病的老人来说，这小小的饺子是非常重要的，老人从饺子上看到了女儿对老人的一片孝心。用饺子充当馈赠礼品时，还有许多规矩。送给亲友、长辈的饺子必须是熟的，不能送生的，据说送生的就会使亲情生疏，所以饺子都是煮熟送的。另外，赠送亲友的饺子必须是偶数，不能取单数，否则就是对对方的不尊敬和不礼貌。双数则意味着和顺与吉祥，至今，人们仍然崇拜偶数，讲究成双成对。盛饺子的器具一般不讲究，但送给来访客人的，一般使用客人带来的盛器。若是女儿让孩子送给母亲时，则必须让孩子把碗或是盘子带回来。据说，这样老人才能福寿绵长，女儿才能生活和美。

在日常作为人们交往用于馈赠的礼品中，虽然所用的食品不止水饺一种，但最能传达情意的，也最受人重视的，则是饺子。但现在随着人们生活水平的提高，这一习俗在农村也日渐消失，用饺子作为礼品馈赠亲友的现象越来越少。显然这与今天无数更为高档的食物礼品的出现不无关系。

在河南东部的有些地方，至今还流行着送扁食回猫馍风俗，这在各种交往礼仪中最有特色。按当地习俗，每年农历的正月十五以后，外孙们都要给姥姥送扁食吃。当地流传有"十五包，十六送，老人吃了不生病"和"老人吃了十六扁（即饺子），一不呼歇二不喘"的说法。送饺子时有讲究，如果双亲健在，饺子的数目必须是两位老人的年龄之和，如果只有一位老人，则根据老人的实际年龄准备饺子。送饺子时，要带上葱和蒜。当地谚云："外甥（即外孙）送扁食，不带葱不中，不带蒜不算。"葱，谐音"聪"，蒜寓有算数的意思，目的是为了让老人吃了耳聪目明，长寿健康。外孙从姥姥家返回时，姥姥要给外孙捎回蒸成猫形的面馍。如果有两个外孙，要回仨猫馍，馍的数量要比孩子的数量多一个，取有余的意思，图个吉利。送饺子回猫馍的习俗在当地还有一段传说。有一年中原发了大水，颗粒无收，大雁饿得飞不动，老鼠饿得啃骨头。第二年初，小麦刚露头，大雁就争相叨吃。人们为诅咒大雁，便在正月十五以后，用面包青菜做成大雁样，让外孙给姥姥送去。姥姥看到外孙的衣服被老鼠咬成许多窟窿，便做了些猫馍，以辟鼠害。后来，没有雁害，面雁慢慢做走了样，就成了现在的扁食。由于老鼠仍在作害，所以，回的猫馍仍不走样。若是刚出嫁的姑娘，还未生儿育女，姥姥也得回两个猫馍。一般说来，外孙长到 10 岁以后，姥姥就不再回猫馍了，但送饺子是一直送到老人去世为止。现在，人们的生活已非昔比，母亲并非需要女儿的饺子才能度日，它的意义远远超过饺子换猫馍的本身，其中所蕴含的意义，那就是中华民族尊老爱幼的优秀传统。

（二）生儿育女食饺子

妇女生孩子是一道难关，但也是人生中的一大喜事，饮食上是极为讲究的，并由此形成了一些食俗。产妇的膳食安排，多从"下奶水"方面考虑，以粥食为主。然而，在河南的开封一带，产妇生产后的第 14 天，要包顿饺子让产妇吃，俗谓"捏骨缝"。民间传统说法是，产妇生产时骨盆松弛，吃顿饺子，骨盆可以尽快复合。这也是人们对同类事物的一种联想，认为骨盆的张合和饺子的捏边很近似。用吃饺子的方法促使骨盆的复合虽无科学道理，但包饺子改善生活，调理饮食结构，对恢复产妇的身体健康，加速奶水的分泌是有一定作用的。

在许多地区，婴儿百岁和周岁时，父母常要包 100 个饺子。因婴儿乳牙不全，不会食用，全家人要替孩子吃了这些饺子，意谓为孩子嚼灾禳邪。有些人家数代单传，得了男孩盼望长大成人，便给男孩认个干亲。每年大年三十，干娘要为孩子包 12 个豆腐馅儿的小饺子，取谐音"凑福"的意思，初一天亮煎煮熟，让孩子吃下，可添聪明，增福禄。这种往来，要持续到孩子12岁为止。

　　山东各地也有认干亲的习俗。给孩子认干亲除了增加两个家庭的密切交往之外，更主要的目的是为了婴儿。婴儿出生不久，尤其是男孩，人们往往要先请阴阳先生算算命，若断定这孩子命相不好，长大必克父母或祖父母，那么破解的办法就是认干亲，借以转移命相，这样，自己家中才能和顺平安。另一种情况，若是算定孩子不好养，或者以前有子女夭折的经历，怕自己命中无子，借认干亲保孩子。山东民间认干亲，有各种仪式，但其中饺子同样是不可少的。认了干爹干娘后，孩子三年之内不能在自家吃过年的饺子。过去孩子多的人家，一般是到义父母家中吃年夜饭，饭后，再回自己家。孩子少的，父母舍不得孩子到人家家里过年，则由孩子的干娘，把包好的饺子送给干儿子吃，送时，要用一个新碗，一双新筷子，路近的盛一碗煮熟的热饺子送去，路远的则把包好的生饺子送到干儿子家，年三十晚上，由亲生父母单独煮熟给孩子吃，以表示孩子已归他人，不在自家吃年夜饭。年三十的一顿饺子就成为区分自家人和他人的分水线。所以，民谚有"大年三十吃饺子，都是自家人"之说。孩子吃了干娘家包的饺子，自然就是他家人，因而命相不好的也就不会克自己的父母或其他家人。这些习俗都产生在科学技术不发达、医疗条件相当落后的年代。孩子或大人生病后，不能及时得到有效的治疗，人们就采用嚼灾、认干亲等办法，希望得到更多人的保护，以求孩子、大人免灾免祸，健康无恙。实际上这是一种较为原始的神灵崇拜，目的是为了孩子寻求保护神。所以，旧时这一习俗人们是非常重视和虔诚的。而饺子在其间正起了传递人们心理愿望的作用。

（三）上轿饺子下轿面

婚礼是人生的重大礼仪活动之一，是青年人婚姻生活的开始。这种大喜大庆的事情，在民间已不完全是结婚者本人的事情，而成为一个社区，一个家庭或家族共同庆贺的大事。在这个气氛热烈的活动中，人们同样要用饺子作为传达某些愿望的工具，在婚礼中起到调节气氛、活跃场面的作用，使婚礼更加富有情趣，呈现出喜气洋洋的热烈局面，也使之更具有浓郁的民俗意蕴和文化内涵。

在我国北方地区，有一句人人皆知的俗谚，叫作"上轿饺子下轿面"，说的就是饺子在婚礼中的重要作用。上轿饺子是指女儿新婚之日，临上轿前，父母要用饺子为女儿送行。

实际上，饺子在整个婚礼中，几乎无处不见，它所起的作用也非他物可比。

在河南中部地区，姑娘出嫁的前一天，街坊邻居要给姑娘家里送一锅拍（一种浅圆形的炊事用具）饺子。饺子包得格外讲究，小巧玲珑，十分好看。哪家捏得好，捏得小，说明那家主人手巧。送饺子的过程也是炫耀包饺子手艺的过程。邻居间相互比赛，相互竞争。小的饺子只有西瓜子一样大，而且形状各异，以元宝等吉祥形为多。这些饺子，是不给待嫁姑娘吃的，多由姑娘的父母下熟后，同送饺子的邻居一起分食，以此表示他们的祝贺之意，分享新禧之家的欢乐，并期望第二天的婚礼顺利进行。

在山东的胶东等地，姑娘成婚的头一天晚上，父母、亲友除了要为姑娘备些第二天穿戴的服装、饰物外，更重要的事情，就是要由母亲亲自调馅和面，大家围在一起包第二天用的"上轿饺子"。上轿饺子，一般包得很多，第二天一大早，母亲怀着恋恋不舍的心情，将饺子煮熟。此时，前来送行的邻里、亲友也纷纷来到，一起食用饺子。旧时，姑娘出嫁，是乘坐轿子的，待新人梳妆完毕，临上花轿前，由母亲亲手端来热气腾腾的饺子，让女儿吃。因为这是女儿在家吃的最后一顿自家饭，也是母亲为女儿做的送行饭。此时，虽然母女都怀着难舍之情，甚至不能下咽，但必须吃上至少一对饺子。吃完饺子后，女儿先于堂间拜别列祖，然后拜别祖父母和父母亲及前来送行的亲友，最后才能上轿，离开家人而去。上轿前吃的饺子，多少不拘，但必须是偶数，常见的是只吃一对，预示着喜事顺利圆满，成双成对，永不分离。据说，女儿吃了上轿的饺子之后，就成为男家的人了，以后过年则要在男家吃饺子。所以，民间对上轿饺子特别重视，要包制得形美味佳，希望给远嫁的女儿留下永不忘记的印象。

在河南的一些地方，娶亲这天，姑娘上轿前，民间有带饺子的风俗，此饺称为"随身饭"。饺子事先由娘家备好，成婚当天，随迎亲花轿或汽车带到婆家。饺子的数量根据新娘的年龄决定，若是 20 岁，则准备 20 个饺子。到婆家后，新娘入了洞房，婆家嫂子把饺子煮成半熟，端给新娘吃。嫂子并要逗趣地反复询问新娘："生不生呀？"新娘则在娇羞难启齿的窘况中，不得不在众人的质问下，回答说："生。"然后将半生不熟的饺子倒在新床之下。此处"生"的意义已由饺子的生熟转变成为生儿育女的希望。

北方各地送出嫁女儿上轿多以饺子送行，所以才有"上轿饺子下轿面"之说。但在山东的济南等地，却与此相反，而是下轿包子（即饺子）上轿面"的习俗。在旧时的济南，新娘上轿前，先行拜祖宗、拜父母之礼，然后吃上一碗由母亲亲手擀制的鸡蛋面条。面条一定是宽条的，叫作"宽心面"，是父母预祝远嫁他乡的女儿，在新的环境中遇事要放宽心。新娘到了新郎家中，下轿后，要走地毯，迈马鞍，过火炉。走大红的地毯表示喜事大吉大利；迈马鞍寓有"安子"之意；过火炉时，有人还要向火上洒酒，因之火焰顿起，预祝日后小日子红火兴旺。新娘入洞房后，先喝交杯酒，然后要与新郎相互斟饮。接下来是吃"水饺"，但这时吃的水饺，当地人谓之"子孙饽饽"，所以也叫吃"子孙饽饽"。子孙饽饽是男方于纳吉之日送到女方家中的。当时送的水饺有荤馅和素馅的两种，以及白面、枣、栗子和化妆品等，人们称为"油头粉面"。女家收下素馅饺子，以备三日后回门时款待新婚之用。荤馅饺子则随嫁妆返回男家。待新娘入洞房坐定后，由妯娌或小姑子把饺子煮至半熟盛出，端给新娘吃。食时，女傧相要发问："生不生？"新娘则红着脸，不好意思地回答说："生。"这就是所谓的"下轿饺子上轿面"的习俗。民国年间刊行的《济南快览》曾对此作过较为详细的描述。说："新妇人房后，再行梳洗，与新郎喝交杯酒，互相斟饮，饮毕，则吃子孙馎饦。子孙馎饦者，男家于纳吉之日，以荤素水饺及面各一盉，枣栗一盘及绒花、鬏髻等，随送至女家，谓之油头粉面。此礼最重，惟不可缺者也。女家全收其素饺，以款三日后新来的新婿，而所返之荤者，即为此坐床时所食。食时，女傧相必问曰：'生否?'必答之曰：'生'。取生子之音。俗谓下轿包子上轿面。"

北方还有的地方，给新郎新娘合吃"屁打饺子"的习俗。所谓"屁打饺子"，就是新娘离娘家那天，新娘的母亲要提前包40个饺子，藏在新娘的花轿坐垫下边。并派人到附近有两河相交之处取一罐"交合水"，让跟花轿的娘家人带好。待当日晚上，闹洞房的人散尽之后，用新娘陪带的"交合水"烧开后，煮藏在轿子下面的饺子，熟后新郎新娘每人一小碗。吃饺子时，二人要相互交换了吃，意为百年好合，永不变心。因此饺子系藏于新娘的屁股下面，故有"屁打饺子"的名称。其名虽然不雅，但这习俗却体现了旧时人们对传统婚姻的态度。现在，那些农村姑娘虽已不坐花轿出嫁，但吃"屁打饺子"的习俗却仍在沿承。

从河南民间嫁女所带的"随身饭"，到济南的"子孙馎饽",乃至新郎新娘合吃的"屁打饺子",都是用水饺来充当重要角色的,足以看出饺子在此项活动中的积极作用。而借饺子之生熟以喻新婚夫妇的生儿育女的意义,正反映了中国人民传统的子嗣观念。

新娘嫁到男家,三天后要回娘家,俗称"回门",也叫"回九",此俗在我国各地都有流行。济南旧时,新娘携新郎"回门"时,到家的第一件事,就是煮上纳吉之日男家送来的素水饺,让新婿吃,且要吃双数,图个吉利。据说,新婿在岳父母家吃素饺子,有让女婿在婚后素素净净过日子,真诚对待自己的妻子,少惹是非,安居乐业的意思。这既是岳父岳母对新婿的要求,也是对他们小两口婚后生活的真诚希望。新郎随新娘回门,虽然说是新婿婚后第一次到岳父母家做客,但三日之期,仍属新婚期间,因而,新娘回门之日,许多地区也有很多礼俗和乐趣。在河南南部的信阳、驻马店及安徽的临泉等地,就流行一种包辣椒饺子给新郎吃的习俗,饶有趣味。新娘回门这天,新郎是岳父母家最贵的客人,岳父母要置办丰盛的酒席招待新婿及亲朋好友,宴中主食仍以饺子为主。但在宴前,新郎还要接受吃辣椒饺子的考验。新娘在婆家时,婆家嫂子曾以生饺子逗趣,似有"欺"生人之意。

回门日，娘家嫂子、姊妹们则要为新娘出出气。于是就提前用最辣的辣椒掺在饺子馅中，包成辣饺子，新郎到家后，由女家亲友相陪，端来的饺子有几碗，其中有两碗是辣的，通常是第一、第二碗或第一和最后一碗是辣的。有心眼的新郎多是先敬长辈吃第一碗，请陪客吃第二碗，自己吃第三碗或是第四碗，最后一碗也让给客人吃。但新郎再聪明，自己吃的总是辣的。民间传说，吃辣椒饺子可以使日后生下的孩子聪明伶俐，有闯劲，不怕吃苦，同时也借以考验新郎的聪明才智。新郎吃到辣饺子，出于礼貌不能推辞，只好强吃下去，直辣得双眼流泪，狼狈不堪，还要装出高兴的样子，嫂嫂、姐妹们才在一片欢声笑语中罢休。

在山东的胶东地区，新娘回门须在当日宴后，趁太阳尚未落山时赶回家，盛宴有时进行几个小时，宴后谢过客人，已到了回家时分，岳父母为了表达对新女婿的一片真情，则必须让女儿女婿在临走前，再吃上少量的水饺，每人一般只能吃一对。这时的饺子，既为一双新人送行，也预祝他们成双成对，永不分离。

在山东各地，无论是男家娶妇日，还是新娘回门日，亲朋好友均要携礼相贺，赴喜宴喝喜酒。新婚夫妇的姑、舅等亲戚，所带礼品中，水饺也是不可少的。在胶东农家，贺新婚的礼品均用一种红色的食盒盛装，叫作"喜盒"，专为参加婚礼而备。喜盒为一担，两边各有一组，有 2～4 层不等，须在每层中放上不同的礼品，这些礼品均为自制的食品。其中最上边的一层，是参加婚礼的主妇精心包制的水饺。这种装在喜盒中的水饺是生品，非常讲究，尤其是捏制的形状，精美玲珑。一般有元宝形、麦穗形、蝴蝶形、金鱼形等，十分美观，整齐地排放在盒中。数量一般是 36 个，取六六大顺之意。若是新婚夫妇的姑、舅所带，喜家须全部留下，并于喜宴中，煮熟献给客人，以示尊敬，也有同贺之意。姑、舅等亲戚看到自己带的喜饺献上了宴桌，心里也感到高兴和自豪。

吃上轿饺子送女儿出嫁，实际上带有送亲人出门远行的含意。所以，这一习俗后来在民间演义的内涵更加广之。除了送女儿上轿吃饺子外，举凡亲人出门远行，或是做官上路的饯行宴，乃至家里的生意人外出做生意离家前，都有吃饺子的习俗，这就是民间广为传诵的"出门饺子回家面"、"上马饺子下马面"两句俗语的意思。出门的意义不同，所吃的饺子也略有区别。如果是升迁上任或外出求学，一般是吃状元饺；生意人外出做买卖，则饺子包成元宝形，饺子馅要用全素的韭菜或白菜，有"长久有余财"之意，象征财富犹如碗里的元宝饺子一样，滚滚而来；亲人远出求医治病，或是在女儿家住久的父母要回家，则包上一顿传统的月牙形饺子，以预祝他们路途顺利，身体健康。总之，饺子在人们的生活习俗中，已经成为亲友离别时的重要象征之物，故有"滚蛋饺子"的俗称。这"滚蛋饺子"虽有些不雅和诙谐，却真挚地反映了饺子所充当的角色，正是旧时人们所不愿经常看到的。因为，吃上送别的饺子，就意味着与亲人或好友的离别。把恋恋不舍之情转嫁到饺子身上，于是有了"滚蛋饺子"的诨名，也是出于些许的无奈。

借饺子寄情，用饺子调节礼仪气氛，或者用它来表达某种心理愿望，人们对饺子这种食品在生活中的运用，可以说达到了无以复加的地步，使食饺民俗的文化内涵不断得到丰富和发展，成为饮食民俗中不可或缺的重要组成部分。

（四）丧葬祭礼供饺子

丧葬古称凶礼，是人生礼仪中十分隆重的大事。在相当长的时期内，人们相信灵魂不死的观念，总希望已故的亲属在另一个世界中得到幸福和安宁。于是，人们在办理丧事时，几乎是按活人的生活需要安排的，尤其在饮食方面，更是诚信诚恐，生怕有不周的地方，这就产生了给死者上供等风俗。供品有肉、菜、馒头、花馍、酒、茶、水果等，当然，其中也少不了美味的饺子。

在我国北方大多数地区，人死之后，特别是老人的"老死"，入殓设置灵堂后，就开始供食物，每顿饭都要给死人盛上一碗。人们认为，未下葬之前，死人的灵魂仍然未散去，甚至有人认为，家人讲话，死人都可以听得到。如果丧事是在年节期间，也要和平时一样，包饺子给死者上供，谓之过完年节再走。所供饺子的数量可多可少，但必须是偶数，且碗内带有饺子汤，谓之"连吃带喝"。在河南等地，殡葬死者后的第二天，民间称"服三"。这天许多地方有埋饺子点汤的风俗。亲人们提上瓦罐，装入煮熟的饺子和饺子汤，到坟前祭奠。把 4 个饺子埋在坟的四周，把饺子汤浇在坟边。剩余的饺子让儿女们吃了，吃时要背过脸去，不要让外人看见，害怕父母赐予的福气被外人夺去。有的地方是在殡埋的当天埋饺子点汤。这种风俗，据民间传说，晋代就已经流行了。传说蜀国灭亡时，蜀国尚书郎李密不愿继续做官，毅然回乡侍奉老祖母。这天，李密给祖母包了饺子，待端到床前时，祖母已经去世了。他含泪埋葬了祖母，准备在坟边守孝。谁知此时晋武帝送来诏书，请李密出山治理国事。上路后，李密想起祖母没能吃上自己包的饺子，心里非常遗憾。于是便停下车子，返回家里，把饺子埋在坟前，将饺子汤浇在坟旁，这才含泪拜别而去。李密孝敬祖母的事很快在当地民间传开了，人们纷纷仿效，就形成了给死人埋饺子点汤的风俗。至今，人们仍然沿用承袭，借以表达对死者的哀思。

在我国的大部分地区民间，人死之后要过"七"，也叫"烧七"。从死者去世之日起，每七天就要举行一次焚香烧化纸钱、祭祀的礼仪。死者的亲友及其子女们在灵前（旧时大葬者有的在家停灵柩七七四十九天才出殡）或到坟墓前，设祭品供之，然后焚香烧纸。在山西的东南地区，从一七至七七，所供的祭祀食品是有明显区别的：

　　　　一七馍馍二七糕，

　　　　三七齐勒四火烧，

　　　　五七芥菜饺子不可少，

　　　　六七、七七死者挑（指供死者生前喜欢吃的食品）。

七七之中，人们最重视的是五七，也称之为"大七"，大七时则须供饺子，才能显示出人们对死者的尽孝和对祭祀活动的虔诚。礼仪活动结束，亲友围聚一起吃饺子，有与死者同餐之意。

"慎终追远"是中华民族的优良传统，表现这一传统的形式和方法就是要像对待活着的人一样，善待死者及列祖列宗。因此每逢死者的忌日、生辰，或是过年过节，家人都要为之设置灵牌，摆祭供品，祭品中最重者依然是饺子。山东的胶东地区，大年三十晚上及初一早上要吃水饺。水饺煮熟后，家中主妇要先盛小碗供之列祖列宗及天地诸神位，其目的之一是让死去的亲人与家人共度佳节，其二是祈求死去的先人保佑家人在新的一年里平安无事，幸福美满。节日期间，不论供家人进食还是饷客，只要是包了水饺，就要先盛之供祭，将陈的换下。若是初一早上，偶尔将包有硬币的水饺盛到了供祭先祖的碗里，那将预示着在新的一年里，祖先会保佑全家财旺粮丰，万事如意。

用饺子作为祭品供奉祖先，不仅在民间广为流传，而且历史悠久，至少从明代就在皇室盛行了。据孙承泽《典礼记》记载明代奉先殿所供膳馐来看，水饺已成为不可少的供祭品。明代奉先殿所供食品，定例是一日一新的：

初一日卷饼，

初二日髓饼，

初三日沙炉烧饼，

初四日寥花，

初五日羊肉肥面角儿，

......

这里的"羊肉肥面角儿"就是专供祭祀的饺子，说明饺子在皇家的供桌上同样占有重要的地位。

（五）求学及第"状元饺"

在素有"礼仪之邦"之称的齐鲁大地上，有一种闻名已久的饺子，名曰"高汤状元饺"。据说，过去此饺是专供科举考试考中状元或金榜题名的学子食用的，一般人是享受不到的。这种习俗，后来被民间传承，使饺子与求学、升学有了不可分割的联系。旧社会，能够有钱上学的，都是些富家子弟。大人希望自己的孩子能学有所成，总是用各种方式教导孩子要好好学习，其中包括借助饮食的形式。过去上村塾的学生，每到春节或夏秋两季收获时节，也像现在一样放假过年或帮助家里收获庄稼。家长每到假期结束，孩子开学的那天早上，要包上一顿饺子让孩子吃。据说吃了饺子就能使人学习成绩得到提高。尤其是每年的新年过后，新学年的第一天，父母要给孩子换上新衣服，拿出专门给孩子留下的花馍"圣鸡"（因其谐音"升级"，所以成为学子上学前必吃之品），然后就是专为孩子上学包的饺子。看着孩子把花馍和饺子吃完，父母才放心地送孩子上学。饺子要双数，花馍"圣鸡"要吃头和翅膀，其中的用意自然是希望孩子能学习长进，连连升级，直至金榜题名。这是旧时农家有机会使家族扬名的唯一途径。所以，在旧时村塾的课本中有"洞房花烛夜，金榜题名时"的诗句。过去，这两件事的确是人们一生中的大喜事。然而，洞房花烛，对于每一个人来说，几乎是必须经历的，虽喜却无奇。而金榜题名则是旧时无数学子孜孜追求的最高目标，因为，这不是所有的人都有条件和机会能够实现的。在封建社会中，要想出人头地，唯一的途径就是刻苦读书，参加科举考试，一旦金榜题名，则可光宗耀祖，登上仕途之路。

流行于山东民间的"状元饺"，现在已经发展成为一种名点而登上了豪华宴席。关于状元饺的来历，有一段传说广为流传。相传在明朝年间，黄河下游一个贫困的村庄里，有一户人家，家境本来还算殷实。夫妇俩膝下只有一个儿子，因此视为掌上明珠，百般爱惜。这家的祖上曾是书香门第，但几代参加科考却屡屡不中。这家的男主人当年也为此含辛茹苦地读过几年书，不想后来家境中道败落，也就从此辍学务农。经过十几年的辛勤劳动，多少有了一点积蓄。一种振兴家族的责任感使他决心送儿子上学，就是倾家荡产也要把儿子送上考场。就这样，儿子从小就拜先生进了村塾。但是，两口子觉得孩子上学很辛苦，加之仅此一棵独苗，从小就娇生惯养，根本不知道衣食花费来之不易，虽然天资聪慧，却学习一般。两口子费尽口舌苦苦教育儿子，仍无济于事。说来也是命该有难，就在儿子登考场的头一年，接连十几天的大雨，黄河河水猛涨，漫过了河堤，把这个村庄全淹没了，儿子的父亲在洪水中不幸身亡。洪水过后，看看仅剩下破烂不堪的三间旧房子，屋内家什等全被大水冲走了，剩下孤儿寡母在村里再也活不下去了，只好去外地讨饭。老妈妈为了让儿子继续学业，就让他在破庙里读书，她自己去讨饭，以维持生存。儿子看到日益消瘦的母亲，心里十分难受，想想死去的父亲，不觉良心大发。为了不辜负老人家的一片良苦用心，他一边帮着母亲干活，一边发愤读书，学业日渐长进。转眼间一年过去了，到了秋考的时候，母亲东凑西借，好不容易为儿子备了些路上用的衣物和银两。临走那天，家里连一点像样的饭食也没有了。好心的邻居见状，把家里仅有的一点白面拿来，为上路的举子包了一碗水饺。由于数量太少，恐怕儿子吃不饱，就干脆连下饺子的汤水也一起盛给了儿子。儿子含着热泪，把饺子连汤吃了下去，拜别母亲上了路。也许是功夫不负有心人，抑或是上天的保佑，三场下来，果然考中，殿试之后，又被皇帝点了"状元"，没隔几日，喜报就传到村里。母亲听后，一阵高兴，不觉晕了过去，从此也离开了人间。儿子看着为自己终生操劳已死去的母亲，想起临走时母亲亲手为他包的水饺，心情悲喜交加，很久不能平静。为了不忘母亲的养育之恩，他让邻居仿照母亲的手艺，包了一碗水饺，供在母亲的灵柩前。由于他是吃了这样的水饺考中状元的，后来人们就叫"状元饺"。一般水饺吃时是不带汤的，但状元饺必须是带汤的。后来传至饭店，因饺子原汤味较差，于是换成了特制的"高汤"，故又名"高汤状元饺"。清末曾有一乡村文人，在品尝了著名的"状元饺"的风味之后，写下了一首《状元饺赋》：

金元漂流玉碗浮，

宛若群鸥戏碧湖。

尝遍人间千般美，

始知此味世间殊。

不过，这种讲究的饺子，和那位故事中科考前吃的饺子已有天壤之别。然而，求学读书吃饺子的习俗却在民间传承下来，时至今日，此习犹盛不衰。尤其是近年来由于人们对中考、高考的重视，这一习俗愈被看重。

四、轶闻趣谈饺子传美名

饺子好吃，人人皆知。但旧时因生活贫穷，普通家庭，尤其是农家，经常吃饺子只能是一种奢望而已。于是饺子就成为人们心目中的美食，这一美食与人们的礼仪活动联系在一起，形成了独有风格的食饺习俗。饺子因此也由一般的食品具有了文化的内涵，成为表达某种民族文化心态的载体。在如此浓重的历史文化背景下，饺子无论与平民生活，还是与历史上的许多文化名人、历史人物都结下了不解之缘。由此，饺子的美名也就与众多的历史传说、典故、名人轶事紧密地联系在一起，形成了一段段妙趣横生、风格迥异的饺子趣闻，并世代在民间流传。

（一）为保平安吃"浑屯"

这是一个流传在我国山西西北部地区民间的传说。

汉代，居住在我国北部的匈奴民族，尚处于野蛮时期，为了得到生活所需要的食物等，就经常在山西西北部汉族居住的地方，抢粮掠衣，骚扰民众，当地的居民对他们恨之入骨。在匈奴的军队中，有两个侵民最凶暴的将军，一个姓浑，一个姓屯，经常带领他们的骑兵队抢夺汉人的财物。由于匈奴一色的骑兵，来去飘忽不定，当地人几乎无力抵抗。每次入侵警报响起，聚集民众予以抗击时，那浑、屯两将军已带着掠夺的财物，驱马远遁。当地人民对这浑、屯两个将军既怕又恨，极端地仇视他们，恨不得吃他们的肉，喝他们的血。每到汉族春节的时候，匈奴人也学着汉人的样子过年，于是就撤兵回去。只有这时，当地人才能安顺一些。于是人们就在大年三十的晚上，调面制馅。馅要全用肉的，把肉馅用圆形的面皮包起来，于新旧交更的时刻，全家人共食。人们为了解匈奴侵扰的心头之恨，把包的肉馅喻成浑、屯两将军的肉，于是给这种包馅食品取名"浑屯"，其意思是，在新年伊始将浑、屯两将军的肉煮了吃，以示在新的一年里不会再有坏人来侵害他们。后来，汉元帝派王昭君出塞，远嫁匈奴，使汉人与匈奴和好，人民也得到了和平，与匈奴和睦相处。但每年三十夜吃"浑屯"的习惯却被传承了下来。因已无浑氏、屯氏将军的侵害，于是更名取其谐音，写作馄饨。由于这种食品是在三更时分，正值新旧两年的"更年交子"之时吃的，于是又把馄饨称为"交子"，久之，便写成了现在的饺子。

这段故事虽然只是一个传说，但却从一个方面反映了大年三十晚上吃饺子的历史由来，也借此表达了旧时汉族与边塞许多少数民族之间的密切联系。而浑氏、屯氏的故事由此被后人记入了许多典籍中。清人富察敦崇在《燕京岁时记》对《演繁露》记载浑屯氏的说法进行了分析："世言馄饨是塞外浑氏、屯氏为之，言殊穿凿。大馄饨之形有如鸡卵，颇似大地浑沌之象，故于冬至日食之。若如《演繁露》二氏为之之言，则何者为馄，何者为饨耶？是亦胶柱鼓瑟矣。"富察氏对浑、屯氏之说进行辩驳。有学者曾就汉代历史上匈奴民族的姓氏作过粗略的研究，认为在汉代的匈奴中仅有"浑邪王"，无浑氏与屯氏，且"浑邪王"当时的驻牧地在今甘肃张掖县西北一带，与我国古代北方地区不沾边。其实，传说本来就不是史实。故事的真假无关紧要，在我国北方，大年三十晚上吃饺子的习俗至今盛行却是无法改变的事实。所以浑、屯氏的传说只能作为一段趣话在民间流传了。

（二）书圣题字"饺子铺"

东晋时的大书法家王羲之，虽因写得一手漂亮的毛笔字而闻名遐迩，但却是一个行为怪僻，不修边幅，无拘无束的人。《晋书·王羲之传》曾记载了这样的一个故事。太尉郗鉴有一漂亮女儿，欲寻一佳婿，听说王导（王羲之之父）有几个儿子，颇有文才，且仪表不俗，于是派人到王导家求亲，王导就让来人在诸子中挑选。来人见王导的儿子个个相貌不凡，只有一人，袒胸露腹，歪在床上吃烧饼，并不把选婿当回事。来人回去后，如实回报，最后并告之袒腹之人。太尉听后，说："正此佳婿耶。"后来经核实，那人就是王羲之，于是就把女儿嫁给了他。类似的故事，发生在王羲之身上的还有许多，但王羲之吃饺子，给饺子铺题字的故事却鲜为人知。

据说在王羲之少年的时候，经常外出求师学书法，所以就常常在外食宿。有一天，他经过一个热闹的小镇，见一家饺子铺门口生意兴隆，热闹非凡。好奇的王羲之也急忙挤上去看热闹，只见饺子铺的门旁两边写有一副对联，特别引人注目：

　　　　经此过不去，

　　　　知味且常来。

　　门匾上写的是"鸭儿饺子铺"，只是字写得不好。王羲之从小生活在官宦家庭，虽然对饮食之道没有研究，但对美食却是向来不拒的。品尝美味、饮酒作诗是他的家常便饭。当下看罢，心里想，何不进去尝尝，加上"鸭儿饺"之名也颇觉怪异。于是，王羲之就走进了铺，拣一静处坐下，招呼店小二上饺子。不一会，一盘热气腾腾、清香扑鼻的饺子送上了桌，咬一口，皮薄馅多，鲜美盈口。王羲之觉得平生尚未食过如此美味的饺子，联想对联所言，确实不虚。再看那饺子包得玲珑精巧，碗内略有汤水，如同浮水嬉戏的鸭儿，真是巧夺天工。饺子吃完之后，余兴未尽，于是想和店主见上一面，经小二指点，他绕过矮墙见一白发老太太坐在面板之前，一人边擀饺子皮，边包馅，动作干净利落，转眼即成。包完之后，随手将饺子抛过墙去，一个个像小鸭子依次越墙飞入沸腾的大锅中。王羲之看呆了，他从未见过如此精妙的包饺子场面，更为老人家那娴熟的手艺所感动。于是向前施礼，询问老人家多长时间能练成如此高超的功夫，老太太顺口答道："熟练五十载，深练需一生。"王羲之听后略有所悟，又继续问道，门口对联为何不请人写得好一点。老太太听后，气便不打一处来，愤愤地说："相公有所不知，怎么不想呢，只是不好请啊！就拿那个刚刚有点名气的王羲之来说吧，都让人们给捧得长翅膀了，眼看就上了天。说句实在话，他写字的那点功夫，还不如我这掷饺子的功夫深呢！"一席话把王羲之说得面红耳赤，于是忙向老人家行礼，并告诉老人家他就是王羲之，赶紧令人研墨，恭恭敬敬地给老太太写了一副对联。从此，这家饺子铺就挂上了王羲之写的对联，买卖更加兴隆了。王羲之经过这件事，深深地认识到了自己写字的功夫还不够，于是就更加虚心地刻苦练字，终于成为我国历史上最伟大的书法家之一，并被人们誉为"书圣"。

（三）杨玉环娇食"贵妃饺"

美食借名人而流传百世，在我国司空见惯。本来极普通的食品，一旦经名人品食或指点，就很快成为传世的美味。至今，流传于西安地区的"贵妃蒸饺"，就是因得到了唐玄宗的爱妃杨玉环的宠爱而家喻户晓，并连同杨贵妃的风韵遗事为民间所津津乐道。

西安，在唐朝年间，是著名的繁华都城。据历史资料证明及出土文物推断，这里曾是我国饺子的发祥地之一，并且由此又西传到了西域各民族。我国考古工作者曾分别于1959年和1986年，连续两次在新疆吐鲁番地区的唐墓中，发掘出唐代的饺子。虽然，那时尚无"饺子"的名称，但出土的实物表明，早在一千多年前，饺子已成为寻常百姓家的美食了。

据有关学者考证，在唐代，饺子的加热方法，主要有笼蒸和水煮两种。唐人段成式《酉阳杂俎》中曾记有"笼上蒸丸"和"汤中牢丸"，前者被认为是蒸饺，后者显然是水饺。蒸饺的特点是饺皮柔韧干爽，馅心鲜美滑腴，而水饺在当时是连汤一起吃的，有汤醇饺软馅嫩，清爽不腻的特点。相传，杨贵妃当年非常喜欢吃饺子，却不喜欢吃用水煮的饺子，而是嗜爱蒸饺。因而，有厨师专为她做蒸饺，素馅的、荤馅的、海鲜的，荤素搭配的，经常变换口味。尽管如此，吃得久了，仍觉不满意，时常挑剔。当时给杨贵妃做饺子的厨师，是从西安民间请来的包饺子能手，不仅得祖辈传承，技艺高超，而且又能创新。为了迎合杨贵妃的口味，厨师想尽了法子。时间长了，厨师对杨贵妃的饮食嗜好也了如指掌。除了主食常吃蒸饺外，杨贵妃对鸡肴又特别喜欢，尤其喜欢吃带有小骨部分的鸡肉。有一次，专包饺子的厨师看到做菜的御厨正在从鸡身上剔肉，不觉灵机一动，何不把饺子的馅换成鸡肉的。于是就试着做了几次，用鸡脯肉，肉质虽细腻上口，却口感不爽。后来改用鸡翅膀上的肉，结果不仅细腻，且滑腴劲道，滋味醇美。试制成功，厨师心里也特别高兴，于是就在杨贵妃的一次生日宴上，精制了鸡翅蒸饺，献之宴上。杨贵妃对饺子吃得久了，也未在意，顺便举箸夹了一只，入口一咬，不想满口芳香，腴美鲜嫩，妙不可言。当下非常高兴，一口气吃下了十几个，直乐得玄宗皇帝合不拢嘴。吃罢，杨贵妃唤来厨师，询问此饺的名称。那厨师本来心中没底，被娘娘一问，更加着慌，只好嗫嗫地说，这饺子是用鸡翅膀上的肉专为娘娘制作的，不知贵妃娘娘是否可口。那李隆基听着厨师一口一个贵妃娘娘地叫，于是插嘴道，既然此饺为贵妃美人所制，美人又喜欢吃，何不就叫"贵妃蒸饺"呢！杨玉环听罢，越觉心里高兴，当场重赏了厨师。从此，贵妃蒸饺在宫内成了杨玉环的专利食品。后来杨贵妃因安禄山之乱落难马嵬坡，随身的御厨也流落到民间，蒸饺的制作技术也从此被民间传承，并且伴随着杨贵妃爱吃蒸饺的趣闻，一直传到今天，并成为古都西安享誉中外的名吃。

（四）将门八子英雄饺

中国的饮食文化，其显著的特点之一，就是把某种食品与历史上的某个人物或事件联系起来，演义出一段迷人的故事。反正人人都要饮食，名人吃美食，信不信由你。在饺子名品中，有一款"八宝蒸饺"，相传就出自唐代名将郭子仪的官府。

郭子仪，乃唐朝的护国功勋，三朝元老，战功盖世，在当时的朝廷中享有非常显赫的地位。当朝的代宗皇帝为了加强与郭家的密切关系，将四公主升平下嫁给了郭子仪的第六个儿子郭暧。有一天，郭子仪正值寿辰之日，八个儿子中的七对儿媳携孙子孙女前来给老父亲祝寿，唯有六儿子郭暧一人前来贺寿，不见儿媳升平公主。原来，升平公主虽然嫁到了郭家，但自以为自己是金枝玉叶，没人敢惹，便以"君不跪于臣前"为名由，不肯前来给公爹下拜祝寿。郭暧因在父母及诸位哥嫂面前失礼，丢尽了面子，便一怒之下，动手打了升平公主。从来没有受过委屈的公主哪里还能受得了，一气之下，跑到母后和父皇面前告了郭家一状。皇帝也是明礼之人，不但没有责怪郭家，反而教训女儿说：你虽为公主，但嫁到了郭家，便是郭家的人，一切礼数当以郭家家规为重，怎么能摆公主的架子呢。皇帝为了鼓励郭暧敢于维护礼仪纲常的举动，予以加官晋爵。升平公主也自知失礼有错，不仅向公爹道歉认错，而且夫妻也不计前嫌，重归于好。这个故事被后人编成了京剧《打金枝》，搬上了舞台，流传至今。郭子仪为感谢皇恩，并赞誉升平公主知错悔改的美德，特令厨师，以郭家八子为背景，制备一桌家宴，全家吃一顿团圆饭。既然是吃团圆饭，自然就少不了饺子。聪明的厨师用海参、海米、鱿鱼、干贝、鸡肉、蘑菇、木耳、玉兰片等八种原料，调馅包成饺子，并取名为"八宝蒸饺"。席间，郭子仪见家人团聚，和睦共处，心里特别高兴，当吃到"八宝蒸饺"时，便动情地对夫人说：咱郭家世为将门，今有八子，也是将门有幸，个个都有功于朝廷，堪称家之"八宝"，国之"八宝"，就像这饺子一样，八宝聚在一起，其鲜无比。以后，八个儿子要精诚团结在一起，其力量也是无可匹敌的，为保卫国家献出咱郭家的全部力量。后来，八宝饺子传到民间，郭老将军吃饺教子的故事也随着八宝饺子传为美谈。

八宝饺子，又称八仙饺子，全国各地均有制作，在山东等地，则相传是吕洞宾、铁拐李、张果老、曹国舅、韩湘子、汉钟离、何仙姑、蓝采和八仙，相约来到山东半岛的蓬莱阁下，欲跨海东去。当时八仙为了各显自己的神通和诚心，每人带来一种美味，但每种美味的数量又不多，每人一份，不够八仙所分。于是，众仙人就想了一个办法，将八种美味合在一起，调和成馅，用面皮将其包好，成为饺子，用海水煮而共享之。因此饺的馅是八种鲜美的原料合在一起，其味得到相互融合，成为聚众味于一的美食，风味殊佳。八仙饱餐一顿，便各施神通，越海而去。就在八仙包饺子吃饺子的时候，恰巧被一个身无分文的叫花子碰到了，他躲在阁下，一直盯着八仙的行动，把八仙包饺吃饺的过程牢记在心。待八仙去后，那叫花子便来到仙人聚餐的地方，不料，地上尚有遗落的饺子一枚，叫花子顾不得洗去沾上的泥沙，放到嘴里就吃，果然鲜美无比，大有香透肌理之感。叫花子得此妙法，便借钱于阁下开了一个食店，专门经营饺子。因此饺乃八仙所传之法，故名"八仙饺"。制馅所用八种原料，均系海中所产之珍品，如此美味，世间罕见，很快引来了无数的食客，前来游阁的外地人也以一尝八仙饺为快事。叫花子不久便成了腰缠万贯的富翁。

(五) 慈禧钟情 "火锅饺子"

清朝的慈禧太后，虽然做尽了丧辱国家主权的坏事，但在饮食上，却堪称是一位不可多得的美食家。即使在她落难的时候，也时时不忘满足自己的口腹之欲。现在流行于西安的火锅 "太后饺子"，相传就与慈禧有关。

话说公元 1900 年，久已对中国大好河山虎视眈眈的英、美、德、法、意、日等八个国家，依仗先进的军事设备，组成联合军队，侵入我国，并很快打进了北京。慈禧太后则在逃跑派大臣的怂恿下，未等八国联军进入北京城，就弃城而逃。一路上急急如丧家之犬，前拥后呼，不久来到了西安。八国联军进了京都之后，明知太后已逃，却并不追赶，而是在北京大肆掠夺金银财宝，奇珍异物，疯狂地对几千年的中华文明进行无情的践踏，并放火焚烧了圆明园。就在此时，已跑到西安避难的慈禧太后却在地方官员山呼 "万岁" 的赞扬声中，游山玩水，观看歌舞，尽情享受。有一天晚上，慈禧太后观看专为她排演的古代歌舞，那优美的舞曲与优雅的舞姿，令太后把时间都忘了。不觉已是深夜，肚子也有些饿了，于是就传话 "进膳"。虽说当时西安并无外国军队侵入，但人心惶惶，侍膳人员是临时凑起来的，并不像在紫禁城的皇宫内，随时都有御膳伺候。但太后要吃东西，下面的人不得不勉强应付。看到在厨房内，只有新鲜的鸡肉，于是，为了赶时间，厨师顺手把鸡肉剁成泥茸，加调味料搅拌成馅，包了一盖帘小巧玲珑的鸡肉饺子。西安人包饺子自古颇有名气，又是太后用膳，就格外包得精致，一个个像刚刚脱去外皮的银杏，洁白可爱。为了投慈禧之所好，特点燃"菊花火锅"一个，内加鸡汤、海米、青豆、韭黄、西红柿等及调料，烧沸后，端至太后面前。太后见是火锅，心里已有几分高兴，于是就在伺膳太监的帮助下，把饺子下进火锅汤中边煮边吃，且又不影响观看歌舞。不知不觉，歌舞一曲结束，一盖帘饺子也被太后吃光了。不知是食兴所致，还是在宫廷御膳中吃山珍海味吃腻了，初次尝到这鸡肉包的小饺子，配上火锅内独特清新的佐料，太后大为高兴。夜幕下的暗淡灯光与火锅透出的淡蓝色火焰，加上银白色的小饺子，相映成趣，另有一番情调，令慈禧赞不绝口。不久，慈禧离开西安回到北京，把那位厨师也随驾带回了皇宫，充当了宫廷御厨。

火锅，是清朝御膳房进膳的特色之一。嘉庆元年（公元1796 年）正月，仁宗登基时，盛大的宫廷宴会中，除了山珍海味，水陆毕陈以外，特地用了1550只火锅来宴请嘉宾，成为我国历史上最大的火锅宴。到了慈禧垂帘听政时，她不仅喜欢火锅，而且还特别创制了"菊花火锅"，成为太后的嗜品之一。据《御香缥缈录》载，每当深秋菊花盛开的时候，慈禧太后喜欢采摘菊花瓣制菜食用。她的吃法是：先把菊花采下一二朵，把花瓣摘下，浸在温水内漂洗一二十分钟，取出，再放入已溶有稀矾的温水内漂洗、沥干。当膳房将装有滚开的鸡汤的小火锅及肉片、鱼片、鸡片等生食端上餐桌后，她便将少量肉片先放入锅内烫煮五六分钟后，再投入洗净的菊花瓣，过三分钟边捞边吃，鲜鱼和鲜肉放在鸡汤里烫熟后的滋味本来已够鲜的，再加上菊花所透出的那股清香，便觉得分外可口。太后每当吃这道菜肴时，总是十分兴奋，往往空口吃了许多。而火锅饺子则是在烫吃完了鲜鱼鲜肉鲜鸡片及菜蔬之后的一道点心。饺子包制得特别精致小巧，既美观又便于成熟，现煮现吃，鲜爽滑美，妙味无穷。因此饺乃太后所嗜之品，故名"太后火锅饺子"。现在流行于西安的太后火锅饺子，更加精美可人，小的如衬衣纽扣，烫熟后盛于盘内，像晶莹剔透的颗颗珍珠，令人不忍下箸。再加上那段慈禧西安之行的巧遇故事，更增加了火锅饺子的文化色彩，成为无数中外游客向往已久的特色美食之一。

（六）吴三桂藩乱饺传秘

清人夏仁虎在所作的《清宫词》系列诗中，有一首《除夕饺子》云：

> 玉食黄封进内宫，
> 中藏密字启宸衷。
> 后来故事留除夕，
> 御膳房中进奉同。

这首诗描写的是清朝年间宫廷大年三十夜晚吃饺子的习俗。以诗人看来，这种习俗并非是由前代传承而来，而是由一段历史故事形成的，这就是"吴三桂藩乱饺子传秘"的典故。

曾为明朝封疆大吏的吴三桂，降清后因帮助顺治皇帝引清兵入关，后来在镇压农民起义军中又充当了急先锋，立下了赫赫战功，被皇帝封为平西王，留镇于云南、贵州一带。吴三桂到了南方之后，出于他的某种野心，一方面积极发展自己的势力范围和军事力量，把原来的一万人马很快扩充到了十万之众；一方面又与镇守福建的耿精忠及镇守广东的尚之信结成同党。他们三人镇守南方，各霸一方，为所欲为，根本不把清廷看在眼里。他们的所作所为早已引起了康熙皇帝的警觉，故有除患之意，但因时机尚未成熟，一直未对他们采取行动。康熙十二年（公元 1673 年）三月，康熙借尚之信之父尚可喜因年迈请求回辽东老家养老之由，下诏撤销平南王，其子尚之信不必镇守广东。尚之信一心想继承乃父的权位，在广东做土皇帝，对撤藩之事自然不肯罢休。于是连夜派人赶往昆明，请吴三桂帮他出主意。吴三桂对康熙的撤藩决定也大吃一惊，立即十分敏感地想到自己的地位也已不稳。于是他一方面暗暗通知尚之信，叫他准备起兵造反。另一方面马上与耿精忠联合起来，假惺惺地主动向康熙皇帝请求撤藩，意欲进行试探，并同时派快马密探潜入北京，将谋反之密报知留在北京的儿子吴应熊及旧部下，命其作好内应，并时刻注意皇宫的动静。

吴三桂请求撤藩本来是假的，不想年轻气盛的康熙皇帝在力排众臣的异议之后，接受了撤藩的请求，立刻下了诏书。这下可惹火了吴、耿二人，他们一方面装出恭奉圣旨准备撤藩的样子，而另一方面却在迅速调兵遣将，准备反叛。为了起兵有理由，捏造出了崇祯皇帝曾托孤于吴三桂的故事，以不负先帝重托名义，准备年底公开发动兵变。与此同时，为了得到在北京儿孙及吴氏旧部将领的内应，将年底起兵的决定密报京城。

吴三桂的儿子吴应熊因长期在北京，深受清帝之恩，对其父的所作所为也极为不满，不仅没有做内应的想法，而且想方设法欲将其父谋反的消息传进宫廷，但一直没有机会。终于，年关降临，吴应熊以大年三十除夕吃年夜饭之机，让家厨精心包制了一盒贡饺，用红布封好，并将吴三桂意欲谋反的机密书做成小布条，包于贡饺中，献给了康熙皇帝。大年三十吃饺子，本来是汉民族的习俗，满人尚未习惯，出于对新鲜食品的好奇，康熙皇帝命将吴应熊的贡饺献上来。此时康熙正在与皇后诸妃宫内亲眷欢度除夕，不意从所食之饺中吃出了布条一张，原以为是吴氏故意所为，正欲发怒，却一看上有小字，借着灯光看时，才知其意。为了不影响过年的欢乐气氛，康熙当下不动声色地将布条藏于袖内，继续与众人同乐，待第二天元旦过后，康熙才急召军机大臣，将吴三桂谋反的消息及吴应熊用水饺传秘之事通报给众臣，一方面加紧京城军备，另一方面调兵遣将，以抗击平息吴三桂的藩乱。

由于康熙皇帝事先得到了吴应熊的密报，对藩乱之事已有所准备。因而，尽管当时吴、耿、尚三藩势力浩大，但很快就被康熙派出的军队击败，取得了平息三藩之乱的胜利。

据史料，康熙皇帝当时为了分化瓦解吴三桂的部下，出于政治上的需要，还是把吴三桂的儿子吴应熊及其孙子吴世霖给杀了，而对留在北京的原吴三桂部属则一概不予株连。但也有传说，康熙皇帝为了感激吴应熊的密报，不忍心予以诛杀，但为了掩人耳目，平息京城人对吴家的愤怒，便秘密派大内卫兵于子夜护送吴应熊及家人出走京城，同时将吴家相貌与吴应熊、吴世霖相仿的两个家人杀死。后来，康熙皇帝为了纪念此事，就命御膳房每年大年三十晚上，都要吃饺子。因此，在除夕的御宴中，饺子从来就是不可缺少的主食之一。

五、文人走笔饺子传真情

　　饺子与人们的生活习俗密切相关，甚至成为饮食习俗中不可缺少的内容之一，具有相当丰富的文化内涵。作为美味，饺子也受到古今颇懂饮食之道的文人墨客的青睐。于是，饺子不仅成为他们餐桌上的美食，同时也成为他们笔下被描写的生活内容之一。借饺子的不同内涵，来反映不同的历史阶段、不同的社会层次，抑或是不同的家庭，乃至不同人的生活层面，从而反映不同的社会时期、不同的生活方式的人们对生活的不同认识，形成了文艺作品中形形色色的生活场面，组成了食饺习俗丰富多彩的画面。

（一）曹雪芹妙笔"炸饺子"

　　曹雪芹用毕生心血所撰写的历史巨著《红楼梦》，是一部比较全面地反映我国 18 世纪上层社会生活的文学作品。虽然《红楼梦》不是描写"吃"的宏著，但他在《红楼梦》中所描写的烹调食谱、点心饮料、宴饮场景，无不精妙可读，令人拍案叫绝。捧卷在手，信手翻来，字里行间似乎透着浓郁的美食佳酿的阵阵芳香。在曹雪芹的笔下，所描写的是江南水乡的背景，但作为美食的饺子，同样在贾府的宴饮中经常出现，只是在如此富有的显贵家庭中，饮食生活的糜烂程度已经达到登峰造极的地步，一般的饺子恐怕不会赢得主子们的欢心，甚至连曹雪芹笔下那精美的"螃蟹炸饺"都令贾母老太不屑一顾。下面是《红楼梦》第四十一回"栊翠庵茶品梅花雪，怡红院劫遭母蝗虫"中对贾母吃点心的一段描述：

> 一时，只见丫环们来请用点心。贾母道："吃了两杯酒，倒也不很饿。也罢，就拿了这里来，大家随便吃些罢。"丫环便去抬了两张几来，又端了两个小捧盒。揭开看时，每个盒内两样：这盒内一样是藕粉桂花糖，一样是松穰鹅油卷；那盒内一样是一寸来大的小饺儿……贾母因问什么馅儿，婆子们忙回是螃蟹的。贾母听了，皱眉说："这油腻腻的，谁吃这个！"那一样是奶油炸的各色小面果，也不喜欢。因让薛姨妈吃，薛姨妈只拣了一

块糕；贾母拣了一个卷子，只尝了一尝，剩的半个递与丫环了。

螃蟹馅的油炸饺子，只有一寸来长，显然是非常精巧可爱的，加之蟹肉的鲜香浓郁，肯定诱人欲吃。但对于贾母这样在山珍海味中吃出来的人而言，根本没看在眼里。因螃蟹饺的熟制方法是用油炸的，所以嫌它"油腻腻的"，是不屑理会的。但对于生活在贫苦农村的刘姥姥来说，甭说吃啦，恐怕连见都未见过。所以，书中继续描写到：

　　刘姥姥因见那小面果子都玲珑剔透，便拣了一朵牡丹花样的笑道："我们那里最巧的姐儿们，也不能铰出这么个纸的来。我又爱吃，又舍不得吃，包些家去给他们做花样子去倒好。"众人都笑了。贾母道："家去我送你一坛子，你先趁热吃这个罢。"别人不过拣各人爱吃的一两点就罢了；刘姥姥原不曾吃过这些东西，且都作的小巧，不显盘堆的，他和板儿每样吃了些，就去了半盘子。

这种富人与穷人生活的对比，真是天壤之别。曹雪芹仅仅通过螃蟹馅的油炸饺和几样小点心，就把贾府奢侈糜烂的生活刻画得一览无余。由此看，这饺子在这里所起的作用，又是一般食品所不能替代的。

螃蟹馅的饺子是用螃蟹的肉、黄等调馅加工制成的。现在，在扬州等地，用蟹黄调馅包成的"蟹黄包子"、"蟹黄汤包"乃是闻名远近的名点。它的制法是用蟹黄和肉，制成熬油，拌入肉馅调制成的。制熟的成品，面皮油滑光亮，这就难怪一向喜欢清淡口味的贾母说："这油腻腻的，谁吃这个。"令人惋惜的是，曹雪芹笔下的螃蟹馅的油炸饺子，现今却已不见。

（二）《金瓶梅》蒸饺、水饺皆诱人

诞生于 16 世纪晚明社会的世情小说《金瓶梅》，素有明代社会民俗风情百科全书的美称。作者把视线集中于市井群体，描摹世俗百态，绘成一幅鲜明生动的晚明山东一带的"清明上河图"，对研究明代的饮食文化和民俗文化有特殊的价值。

在《金瓶梅》一书中，据不完全统计，所描写记述的菜肴、点心、主食等一百五十余种，其中饺子（书中称为"角子"或"扁食"）在书中有多次出现，有蒸饺、水煮饺等不同的品种。书中第八回有对蒸饺的描述：

> 那时正值三伏天道，十分炎热。妇人在房中害热，吩咐迎儿热下水，伺候澡盆，要洗澡。又做了一笼夸馅

肉角儿，等西门庆回来吃……

约一个时辰醒来，心中正没好气。妇人便问："角儿蒸熟了？拿来我看。"迎儿连忙拿到房中。妇人用纤手一数，原做下一扇笼三十个角儿，翻来覆去只数了二十九个，少了一个角儿，便问往那里去了。迎儿道："我并没看见，只怕娘错数了。"妇人道："我亲数了两遍，三十个角儿，要等你爹回来吃，你如何偷吃了一个？

书中的妇人，是指潘金莲。因为西门庆午饭时未到她家，情绪极不好，数蒸饺则成她出气找茬的导火索。那么，在这里，饺子的口味如何，也就无关紧要了。饺子在此处虽然是食品，抑或可能是美味的主食，但却失去了美食应有的作用，而起到了食用以外的延伸作用，堪称是作者的精巧构思。

书中第67回和第77回则有吃水饺的描述。先看第67回：

那日玉皇庙、永福寺、报恩寺都送疏来，西门庆看着，迎春摆设羹饭完备，下出匾食来，点上香烛，使绣春请了吴月娘众人来。

这里的匾食，即是扁食，是饺子的别名，北方许多地区都习惯称饺子为扁食，在山东的济南，直到民国年间，尚有专门经营水饺的扁食楼。扁食之名早在元朝已在北方流行。

元代宫廷食谱《饮膳正要》中就有"扁食"一词。14世纪中期问世的《朴通事》一书中也有"你将那白面来，捏些匾食"的记载。

《金瓶梅》第77回有对西门庆吃"水角儿"的描述：

> 西门庆到于房中，脱去貂裘，和粉头围炉共坐。房中香气，只见丫环来放桌儿，四碟细巧菜蔬，安下三个姜碟儿，须臾拿了三瓯儿黄芽韭菜肉包，一寸大的水角儿来。姊妹二人陪西门庆每人吃了一瓯儿。

用黄芽韭菜包饺子，这可是北方人最看重的美味，旧时，一般平民之家是没有口福享受得到的。北方人吃水饺，还讲究配搭调料，一般是三合油，即用酱油、醋、蒜泥、香油调成的。尤其醋和蒜泥（也有用蒜瓣的），是不可缺的。西门庆吃水饺，则配了4种蔬菜和姜碟儿，别有风味，也是典型的北方吃法。

北方人吃饺子，以水煮为多。迎春下出来的匾食是水煮的，爱月儿给西门庆吃的角子也是水煮的。这反映在明代的山东地区，水饺已在民间流行，成为年节及富贵之家的常食。潘金莲叫迎儿用扇笼蒸的角儿，则是蒸的，即今天的蒸饺。水饺与蒸饺不但熟制方法不同，其和面、包制、形状也各有区别。但从《金瓶梅》的描述来看，蒸饺在当时，与水饺一样是民间的常食之品。

（三）蒲松龄戏笔家乡饺

古典文学名著《聊斋志异》的作者蒲松龄，不仅在文学上有很深的造诣，而且对饮食也颇多研究，所反映的均是当时鲁中地区平民饮食生活的内容。他著有《煎饼赋》、《青鱼行》等饮食诗文，而他写的《日用俗字·饮食章》，则是一篇不可多得的记录清朝年间山东鲁中地区饮食风俗与食品制作的佳作。

《饮食章》是以山东淄博地区的民间俗语、方言写成的通俗文章，七字一句，读来琅琅上口。对于蒲松龄这样的大文学家来说，《饮食章》似乎是一种游戏文字，但正是这种似有戏笔的篇什，把他生活的那个时代当地的饮食风俗与家常食品制作，表现得淋漓尽致，是今天研究齐鲁饮食民俗与饮食文化不可或缺的史料。

饺子，作为广泛流行于山东地区民间的特色食品，自然也被蒲松龄编入了文章中。被蒲翁记录的包括水饺在内的面食品种有：

稍麦兜子真可口，

馒头漂白又松塈。

卷子擦穰留客饱，

馍馍包馅解人馋。

馇饹压如麻线细，

扁食捏似月牙弯，

沾上凉水锅不沸。

文中的"扁食"就是今天的水饺，其形状犹如"月牙弯"，与自古传承的水饺形状一脉相承。早在南北朝时，人们制作的水饺叫馄饨，就已经是"形似偃月"，虽经一千五六百年的发展，水饺却仍然保留"月牙弯"的形态，颇具古之遗风。

当年的蒲松龄，家境贫寒，所食的水饺大抵不过在逢年过节而已，其饺子的质量自然也是无法和《红楼梦》、《金瓶梅》中的那些精品饺子相比了。普通农家的水饺，虽然少了许多名贵原料的参与，却是地地道道的农家风味。杂菜为馅，杂合面面团，包出来的饺子清爽、质朴，颇具乡土气息。

（四）老舍先生与雅舍主人的大小饺

近几年来，饺子作为风靡一时的美味快餐，席卷全国各地的饮食市场，成为人们消费的热点。饺子城、饺子王、饺子铺、饺子馆如雨后春笋般遍及每一个大中城市的大街小巷。经营饺子的品类已经由传统单一发展为配套成系列。就饺子的形态而言，大的据说有一米多的龙凤饺，小的则如男式衬衣上的纽扣，大小之间可谓天壤之别。饺子有大、有小，自古有之，而且被许多文人写入文章，有的甚至成为美谈和笑谈。在此仅举两例，一是老舍先生笔下的大饺子，一是雅舍主人吃的小饺子。

老舍先生是近代文学史上的一位巨匠，谈吃的文章也写了一大堆。但最有趣的还是他关于饺子的一则笑话：有一个男人，娶了一个很笨的妻子，但他的妻子却自以为很聪明。有一次，这个男人到一位朋友家里做客。朋友的妻子聪慧伶俐，而且颇谙烹饪之道，包得一手好饺子。为了款待朋友，这天就包了一餐美味的饺子给客人吃。那位笨妻子的丈夫从来没有吃过这么好的饺子，回家后就和妻子说了。他妻子不以为然地说，这还不容易，等你朋友来时，咱也包饺子吃。果然，几年后，那位朋友也来他家回访，妻子便做好了准备，包饺子吃。到了吃饭的时候，妻子端出了三个三四十厘米长的大饺子。丈夫见了惊叫道："天哪！"他妻子以为要"添"，就急忙说不能再添了，一人就一个。丈夫看妻子误会了，便无话可说，只是无奈地说："你，你呀……。"妻子说："你不用管我，我也有一个，在厨房里哪！"在文人的笔下，这只是一个笑话。但它却从一个侧面反映了饺子品类在我国的丰富多彩及其加工技术的高超。事实上，这么大的饺子，不仅笑话中有，现实生活中也有，不仅今天经营饺子的餐馆有，而且历史上早有记载。元朝的苏州人陆克仁在《砚北杂志》中记述说：旧时苏州有个叫畅师文的人，善于包制饺子。有一次他用了一天的时间，才包出了八枚饺子，然后请知府大人来品尝。结果，知府埋头狠吃，可连半只都没有吃完，就已经十分饱了。那饺子每枚单是肉馅就有二百余克重。这么大的饺子，恐怕是不多见的。

饺子不仅有大的，也能包得很小。据说当年慈禧吃的"太后火锅饺子"形如银杏，玲珑精致，但那也只是传说。至于现在流行于"饺子宴"中的火锅小饺，形如纽扣，这是今人的手艺，当然应该超过古人。然而，素有美食家之称的近代著名学人梁实秋先生，在他的《雅舍谈吃》中曾写过一篇"饺子"的随笔。文中记载了他一次吃小饺的亲历，读来颇有趣味。

　　北方人，不论贵贱，都以饺子为美食。钟鸣鼎食之家有的是人力财力，吃顿饺子不算一回事。小康之家要吃顿饺子要动员全家老少，和面、擀皮、剁馅、包捏、煮，忙成一团，然而亦趣在其中。年终吃饺子是天经地义，有人胃特强，能从初一到十五顿顿饺子，乐此不疲。当然连吃两顿就告饶的也不是没有。至于在乡下，吃顿饺子不易，也许要在姑奶奶回娘家时候才能有此豪举。

　　饺子的成色不同，我吃过最低级的饺子。抗战时期有一年除夕我在陕西宝鸡，餐馆过年全不营业，我踯躅街头，遥见铁路旁边有一草棚，灯火荧然，热气直冒，乃趋就之，竟是一间饺子馆。我叫了十二个韭菜饺子，店主还抓了一把带皮的蒜瓣给我，外加一碗热汤。我吃得一头大汗，十分满足。

　　我也吃过顶精致的一顿饺子。在青岛顺兴楼宴会，最后上了一钵水饺，饺子奇小，长仅寸许，馅子却是黄鱼韭黄，汤是清澈而浓的鸡汤，表面上还漂着少许鸡油。大家已经酒足菜饱，禁不住诱惑，还是给吃得精光，连连叫好。

梁实秋先生在青岛顺兴楼吃到的"奇小的"黄鱼韭黄饺，

就是著名的山东名吃"高汤状元饺"，一般是用猪肉馅包制，而梁先生所吃的却是用黄鱼肉加韭黄包的，其妙也就在于此。形美味鲜汤靓自不必细言，仅那小巧可人的样子，就足令人垂涎。在山东，最讲究的状元饺一斤面团可以包制成二百余枚，正像梁先生所谓"饺子奇小"，既可供观赏，又可饱口福。吃这样精巧的饺子，毫无疑问，也是一种艺术享受和美的陶冶。

（五）三毛自诩"饺子大王"

台湾著名的女作家三毛，是一位颇为广大文学爱好者喜欢和推崇的偶像之一。她的作品细腻动人，尤其是她的自传体小说《撒哈拉游记》，给人留下深刻的印象。她对生活那种细致入微的观察和体验，使她的作品笔下传神。在她的作品中，有许多描写和记述饮食生活的故事情节，读来生动有趣。三毛是否对烹调技术真的有所造诣，不得而知，但她在一段使自己成为"饺子大王"的故事中，却把她在异国他乡吃饺子、包饺子的情景描写得活灵活现。三毛在作品中，把她成为包饺子高手的经历，通过姐夫请吃饺子、自己偷吃饺子、动手学包饺子到请别人吃饺子等四个故事情节，刻画得淋漓尽致，饶有情趣。把我国传统食品的饺子在异国他乡的际遇及东西方人对吃饺子的认识，乃至吃饺子过程的情形，一览无余地展示在读者面前，堪称是写饺子的上乘之作。这就是《浮影》中的"饺子大王"。

故事是从三毛被她表姐夫邀请上船吃饺子开始的。她的丈夫荷西一听吃饺子，就有点急了：

> 荷西在车内苦恼地说："怎么又要吃饺子，三吃饺子，真不是滋味。"

> 这不能怪荷西，他这一生，除了太太做中国菜之外，只被中国家庭请去吃过两次正式的晚饭，一次是徐家，吃饺子，一次是林家，也吃饺子，这一回表姐夫来了，又是饺子。

显然，荷西在徐家和林家吃的饺子都不合他的口味，也是烹调技术不高的缘故。总之，荷西这位西方人对中国人的美食饺子很不喜欢，为此三毛进一步向他做出解释：

> 我听了荷西的话便好言解释给他听，饺子是一种特别的北方食品，做起来也并不很方便，在国外，为了表示招待客人的热忱，才肯包这种麻烦的东西。这一次船上包饺子更是不易，他们自己都有多少人要吃，我们必

要心怀感激才是。

三毛把为什么中国人一向用饺子招待客人的习俗讲明白了，也说明了饺子在中国人心中的地位。令荷西想不到的是，表姐夫家的饺子是那样的好吃：

> 荷西说是南方女婿，不爱吃饺子，饭桌上，却只见他埋头苦干，一口一个，又因为潜水本事大，可以不常呼吸，别人换气时，他已多食了三、五十个，好大的胃口。

> 玛丽莎是唯一用叉子的人，只见她，将饺子割成十数小块，细细的往口里送，我斜斜睨她一眼，对她说："早知你这种食法，不如请厨师别费心包了，干脆皮管皮，馅管馅，一塌糊涂分两盘拿上来，倒也方便你些。"

> 我说话一向直率，看见荷西那种吃法，便笑着说："还说第三次不吃了，你看全桌山也似的饺子都让在你面前。"

> "这次不同，表姐夫的饺子不同凡响，不知怎么会那么好吃。"荷西大言不惭。

饺子好吃，不仅是中国人喜欢的美食，同样也吸引了西方人的胃口。在三毛的笔下，两个吃饺子的西方人的吃法、神态被生动、滑稽地表现出来，从一个侧面衬托出了饺子的魅力。

由于表姐夫家的饺子好吃，三毛就按中国人的传统习惯，走时还从表姐夫家带回来一些饺子，放在冰箱中。由于饺子美味的诱惑力太大，被三毛半夜偷吃得只剩下五个饺子，结果令荷西及她的朋友好不高兴：

看到最后，想到冰箱里藏着的饺子和白菜，我光脚悄悄跑进厨房，为了怕深夜用厨房吵到荷西和邻居，竟然将白菜轻轻切丝，拌了酱油，就着冷饺子生吃下去，其味无穷。

数十个胖胖的饺子和一棵白菜吃完，天已快亮了，这才漱漱口，洒些香水，悄悄上床睡觉。

冰箱里就剩了五个饺子，在一只鲜红的盘子里躺着，好漂亮的一幅图画，我禁不住又在四周给排上了一圈绿绿的生菜。

第二日吃午饭，荷西跟玛丽莎对着满桌的烤鸡和一大锅罗宋汤生气。

"做人也要有分寸，你趁人好睡偷吃饺子也罢了，怎么吃了那么多，别人还尝不尝？你就没想过？自私！"

荷西噜噜苏苏的埋怨起来。

"来来，吃鸡，"我笑着往玛丽莎的盘子里丢了三只烤鸡腿去。

"啊！你吃光了饺子，就给人吃这个东西吗？"玛丽莎也来发话了，笑吟吟的骂着。

"三毛，我要吃饺子。"小家伙玛达居然也凑上一角，将鸡腿一推，玫瑰色的小脸可爱的鼓着。

三个外国人因三毛把饺子全吃光了，自己没吃着，心里非常生气。通过饺子与鸡腿的对比，把饺子美味的魅力更进一步揭示出来。一向被西方人推崇的鸡腿，即使与普通的饺子相比，也是微不足道的，连西方人的胃口也被饺子的美味所征服。

出于对偷吃饺子的内疚心理，也为了满足大家对饺子的口欲之求。三毛开始自己学着包饺子，这对于一个连面团都不知怎么调和的人来说，确实是一个难题。开始，因为不谙包饺子之道，结果包了饺子没人吃。但经过多次的实践，终于练就了包饺子的好手艺，于是就有了请她过去的上司吃饺子的一幕。

我虽是谦虚的人，可是在给人吃饺子这件事上，还是有些骄傲的，毕竟我是一步一步摸索着才有今天的啊！

你看过这样美丽的景色吗？满布鲜花的阳台上，长长一个门板装出来的桌子，门上铺了淡桔色手绣出来滚着宽米色花边的桌布，桌上一瓶怒放的天堂鸟红花，在天堂鸟的下面，一只只小白鹤似的饺子静静地安眠着。

这些饺子，有猪肉的，有牛肉的，有石斑鱼的，有明虾的，有水芹的，还有凉的甜红豆沙做的，光是馅便有不知多少种。

在形状上，它们有细长的，有微胖的，有绞花边的，有站的，有躺的。当然，我没有忘记在盘子的四周，放上一些青菜红萝卜来做点缀，红萝卜都刻成小朵玫瑰花。

如此丰富多彩的饺子，如此美丽动人的场景，能不令人大快朵颐吗？自然，这是一顿绝妙的饺子美餐，让西方那些大胡子们吃得津津有味，也让他们领略一下中国饮食文化的内涵所在。

倘若三毛笔下的饺子，都是她亲自包制的，那么，送一个"饺子大王"的桂冠也是再合适不过了。这也是三毛自诩"饺子大王"的原因所在吧。

饺子，是中华美食的代表，它不仅为中国人所创制，征服了所有的中华儿女，而且它还能够以自己特有的美去征服世界上其它的民族。也正如三毛在书中所说的那样：

> 饺子这个东西，第一次吃可能没有滋味，第二次吃也不过如此，只要顾客肯吃第三次，那么他就如同吃了爱情的魔药，再也不能离开我的饺子了。我不敢说全世界的人都会吃饺子吃上瘾，可是起码留大胡子的那一批，我是有把握的。

三毛笔下的饺子，除了能令人愉快地得到口腹之欲的享受之外，更成为展示和传播中国传统饮食文化，进行中西方文化交流的工具和载体。从这个意义上讲，它已超过了饺子本身的存在价值，而上升为一种文化现象。

六、五彩缤纷名饺传世多

饺子，从一千多年前开始进入中国平民的餐桌，发展到今天，已经成为中华民族饮食生活的重要内容。与此同时，饺子的包制技术也在不断得到提高和发展，形成了千姿百态的饺子系列产品。大的，小的，咸的，甜的，蒸的，煮的，花的，素的，名贵的，普通的，可谓形形色色，应有尽有。其中不乏传世的名品佳作，脍炙人口，令无数美食家倾倒，有的传承数百年风味依旧，名声显赫，成为中华饺子中之佼佼者。

(一) 邓小平品赞"老边饺子"

在我国辽宁省的省会沈阳市，有一家"老边饺子馆"，这里包制经营的"老边饺子"以其独特的风格，赢得了国内外广大食客的称赞，成为中华水饺中的佳品名吃。在无数前来品尝"老边饺子"的中外客人中，就有我们尊敬的邓小平同志。那是在 1964 年，邓小平同志来沈阳视察工作。工作之余，在当地领导的陪同下，小平同志来到"老边饺子馆"，专门品尝这大名鼎鼎的"老边饺子"。邓小平本是四川人，对面食不是太感兴趣，但他对北方人吃的饺子却情有独钟，尤其是像这么有特色的"老边饺子"，邓小平吃得津津有味。他一边吃还一边高兴地对人夸奖说："老边饺子够个风味饺子，有独到之处，要保持下去。"邓小平同志的这一赞语，后来一直成为饺子馆的座右铭。

据饺子馆的老师傅讲，老边饺子在当地可称得上是一种历史悠久的名吃。最初的饺子馆是由河北任丘人边福于清光绪八年（公元 1829 年）创建，距今已有一百六十多年的历史了。当时，设备极其简陋，只经营一般的煸馅饺子。同治九年（公元 1870 年），由边福的长子边德贵继承父业，对饺子的工艺进行了改革，由于适合当地人的口味，招来了大量的食客，从此名声大振。此后，他遍访名师，总结无数先辈包饺子的经验，创造出了风味特殊的名牌——老边饺子。它的特点是皮薄馅饱，味醇鲜美，浓香不腻，松软易嚼。老边饺子的花色品种很多，既能煮着吃，也能蒸着吃、炸着吃，甚至烤着吃、烙着吃。最精美的宫廷御饺——酒锅饺子，饺子馅由海鲜珍品调制而成，小饺包得精致玲珑，用酒精火锅烫食，别有一番情趣，曾赢得无数名人的青睐。已故相声大师侯宝林曾借沈阳演出之机，前往饺子馆品食"老边饺子"。食后，被那别具特色的口味所折服，连连称赞，兴奋不已，挥毫写下了"老边饺子，天下第一"八个大字。老边饺子能否真称得上是天下第一暂且不论，但它特有的风味口感确实令国内外食者赞不绝口。曾有位外国客人在美美地享受了一餐老边饺子后，称赞说："吃了十几个饺子，没有重味的，一个饺子一个味，吃一顿饺子如同吃一顿丰盛的筵席，什么都能吃到，真是妙极了。"老边饺子不仅受到城里人的喜欢，每逢夏初农村水稻插秧结束或秋收后，饺子馆更是车水马龙，农民们纷纷乘车前来品尝这本属农家的美食。对于他们来说，这可是物美价廉的理想食品。进城吃上一顿老边饺子，也算是对粮食丰收的祝贺。

（二）"三河米饺"慰英王

安徽合肥不远处有个三河小镇，这里有一种用籼粉制作的带馅饺子，因为风味别具而非常有名气，人们以小镇名之，叫作"三河米饺"。据当地传说，三河米饺的来历与太平天国的年轻将领陈玉成有些缘由。

　　陈玉成生于广西藤县，14岁那年，参加了由洪秀全领导的金田起义，号称太平军。他随太平军长期转战大江南北，屡立战功。清咸丰四年（公元1854年），他率军一举攻克了重镇武昌城，接着随秦日昌大破清军提督孔广顺于应山，力斩清军西安骁将扎拉芬于随州。接连不断的胜利，使清军闻风丧胆。以后几年中他四出作战，数次攻破清军主力江北大营，有力地保卫了天京的安全，又被洪秀全授予前军统帅之职。1858年，陈玉成率太平军与清军另一主力湘军决战于安徽合肥的三河镇一带。年轻的陈玉成身先士卒，一马当先冲入敌阵，全军将士无不奋勇向前。太平军犹如天兵天将下凡人间，经过数日的奋力苦战，终于全歼湘军李续宾的数万大军，彻底扭转了天朝后期军事上的不利形势。天王洪秀全为表彰陈玉成的赫赫战功，加授他"英王"称号。这就是历史上有名的太平军的"三河大捷"。陈玉成也伴着他的丰功伟绩载入史册。

　　英王陈玉成的军队在开始不利的情况下，之所以能取得最后的胜利，除了他的英勇作战之外，就是得到了当地老百姓的支持。他的军队爱护百姓，所到之处，军纪严明，秋毫无犯，因而深受老百姓的爱戴。在战斗最艰苦的日子里，三河镇的男女老少齐上阵，做饭的做饭，送饭的送饭，供水的供水。当时，因为战事紧急，有的将士吃米饭时，佐以菜肴，非常不方便，有时，饭吃了一半，就不得不扔下饭碗和清兵作战。这些情况，被老百姓看在眼里。他们为了让太平军的每一个将士都能吃饱饭，就干脆先把籼米磨成米粉，用开水烫熟做成米粉团，再把猪肉和豆腐、青菜等，剁细加佐料制成馅，然后用米粉团薄面皮包上肉馅，捏成饺子，放到油锅里炸熟。炸熟后的米粉饺光润油亮，又酥又香，而且又巧妙地把米饭和菜肴配制在一起，使士兵们吃起来极为方便快捷，再也不用一手端碗、一手挑菜地吃饭，节省了许多时间，并且口味也好，还可带在身边作干粮，真是一举多得，深受英王陈玉成及太平军将士们的喜欢。因为这种米饺是三河镇的人民发明的，所以太平军就把它叫作"三河米饺"。后来，陈玉成率军队征战南北，"三河米饺"也就成了将士们的随军干粮，它的美名也由此传遍了大江南北，至今盛名不衰。

（三）"南宁粉饺"享宾客

说起饺子，人们大抵以为那是北方人的食品，这倒也的确如此。然而，举凡去过广西南宁的人都知道，南宁人也非常喜欢吃饺子。不过南宁的饺子不是用北方人的麦面粉做的，而是用当地的米粉包制的。用米粉做成饺子皮，包上各色鲜美的肉馅，上笼蒸熟，具有皮柔韧干香，馅嫩汁多，鲜美可口的特点。因此流行于南宁民间，故名"南宁粉饺"。

南宁粉饺，据说是一种历史悠久的传统食品。相传在南宋年间，由于宋室的软弱无能，被金人赶到了江南，许多北方人为了躲避金兵南侵之乱，不得不举家逃命，背井离乡来到南方，其中便有相当一部分人来到了广西的南宁。北方人习食面食，南宁则出产一色的大米。初来时，吃大米还算新鲜，但时间久了，就受不了，可又没处弄到面粉。于是人们就试着用米粉代替面粉，来制作北方人喜吃的面食品种。尤其是到了新年，大年三十吃饺子，这可是北方人的习俗。人们就用米粉调成面团，照样包出了北方的饺子。饺子馅则使用当地特产的凉薯、马蹄、莲藕等加肉馅制成，形成别具一格的"米粉饺子"。这种饺子因所用原料皆取自当地，不仅北方人喜欢，也深受当地人的喜欢，并很快在民间流传开来，后来又进入经营食店，成为南宁富有特色的地方名吃之一。南宁人自古就有好客的习惯，外地人每每到南宁做客，主人就会高兴地请你品尝"粉饺"，这是当地人待客一种较高的礼遇。因此，南宁粉饺几乎成为南宁人款待贵客最好的美食。如今，广西成为旅游胜地，来自全国各地乃至世界各地的游客，在尽情欣赏了广西美丽山水之余，如果不去品尝南宁粉饺，可以说是终生遗憾。在南宁，如果你想吃粉饺，好客的南宁人就会带你去著名的"凤城粉饺店"等几家有名的店铺，让你一饱口福。若碰上热心好说的老人，还会给客人讲一段粉饺与凤凰城的动人传说，那可就不仅饱了口福，而且还得到了一番民族文化的熏陶，其乐无穷。

（四）黄巢故里砂锅饺

听说过砂锅水饺吗？它是山东省菏泽市著名的地方名吃，以其历史久远、风格独特蜚声遐迩。相传，砂锅水饺的制作，已有300余年的历史了，至今盛行不衰。

砂锅本来属较为粗糙的炊饮具，有点下里巴人的味道；水饺在民间食品中却是地地道道的阳春白雪，只有年节、饷客待友才能食用。将两者巧妙地融为一起，乍看起来，似乎有点不伦不类，但正是这样的一种搭配，体现了中国饮食文化的质朴无华及其浓郁的民俗气息。所以，砂锅水饺能成为传世美味也就不足为奇了。砂锅水饺是鲁西南人用当地特产的鲁西寒羊的嫩肉，细剁成肉泥调制成馅，然后包成小个的羊肉饺子，先在开水大锅中煮至七八成熟后，再捞出放在盛有开水的砂锅里，在砂锅底下生着炭火，加盖略焖一会儿，便可上桌食用。食用时可配蘸各种调味品，任客自选自调。为了增加饺子的鲜美，砂锅里的汤可用白煮羊骨架的原汤，再加入其它鲜味原料调制。品尝这种饺子，汤美饺鲜，其美妙的味道就不言而喻了。

菏泽的砂锅羊肉水饺，不仅味美，而且在当地还流传着一段与饺子有关的优美传说。

菏泽，古名曹州，是著名唐末农民起义领袖黄巢的故乡。相传，黄巢自小喜欢吃羊肉，由于他家在当地属以经商为主的小康之家，生活条件还是不错的，黄巢在无忧无虑的环境中长大。唐朝末年，由于贪官污吏贪得无厌、敲诈勒索，加之官府多如牛毛的苛捐杂税，使得河北、山东等遭受干旱灾害地区民不聊生，就连像黄巢这样的小商贾之家也被逼得无法生存。在这样的情况下，黄巢在山东菏泽一带聚众响应王仙芝领导的农民起义，为民伸张正义。王仙芝不久战死疆场，黄巢遂被起义军众将士推为领袖，统帅起义军继续和唐王朝的军队作战。有一次，黄巢在转战南北的间隙中，回到菏泽探望家乡亲人。乡亲们听说黄巢回来了，个个欣喜若狂。为了表达乡亲们对黄巢及起义军的敬仰之情，他们不惜杀鸡宰羊，治馔慰问这位农民起义的英雄，鼓励他为穷人打天下。于是，就在村里的祠堂内设宴为他庆功。制作宴席的厨师，是一位曾跟随黄巢转战南北的同乡，熟知黄巢的饮食嗜好。宴席中，不仅有红烧羊肉、熏羊腿之类的羊馔，而且还用羊肉调馅包制羊肉水饺当作主食。这也是当地的待客习惯，凡贵客到家，必用水饺招待。水饺煮熟后，其中有一位长者出主意说，黄巢现在当了大官，不知还记得咱穷人过苦日子的滋味不，这饺子就用咱吃饭用的陶碗盛着送上，叫他不要忘记咱家乡的苦生活。乡民一听有道理，果然找来农家当时吃饭用的土制陶碗，盛上饺子献到了宴桌上。黄巢见状，深知其意，当下他表示，不推翻欺压百姓的朝廷官府，决不回来见父老乡亲。后来，黄巢果然不负众望，终于打败了唐军，在洛阳建都，号称"大齐"。而在黄巢的家乡，用陶碗盛食羊肉水饺的风俗也被流传下来。由于后来土陶碗（也有叫砂碗的）逐渐在民间消失，从而用砂锅替代，并在原有的基础上加以改进，用木炭燃火为砂锅保温，享用者可趁热连汤与饺子共食，成为饶有风味、流行一方的名吃。

（五）康熙私访麒麟饺

麒麟饺，是用蒸的方法熟制而成，故又名麒麟蒸饺，是河北省承德市的传统名吃，尤以承德市"驴肉肥酒楼"的制作最为精美，而且历史悠久。这麒麟蒸饺的特别之处，在于饺馅，其馅是用驴肉经过细剁成泥，再加其它辅料调制而成的。俗话说：天上龙肉，地上驴肉。说的就是驴肉之美可与天上的龙肉相比。龙乃神话中的动物，实不存在。而驴肉却是人人能吃到的美味。驴肉虽美味，但其名却大不雅，因民间曾有"跛腿驴变麒麟"的神话传说，于是人们称驴肉蒸饺为麒麟蒸饺。就因这名字的更改，才惹出了一段康熙私访麒麟饺的传说。

早年间，康熙皇帝初登皇位不久，各方面均需精心治理。他为了了解汉族老百姓对清王朝统治的反映，曾多次带上一两个化装的随身护卫，到各地民间进行微服私访，亲自观察各地的情况，以便及时制定对策，维护自己的统治地位。同时，也可以借机走出皇宫禁地，见识见识各地方的风土人情，增长知识。有一次，康熙一行扮成生意人，来到了承德。承德北与关外紧连，南与京都相距不远，最能体现百姓的心意。

这一天，康熙和几个随从正走在承德那众人熙攘的商业街上，抬头一看，对面是一家门面不算太大的酒楼，招牌上醒目地写的是经营名吃"麒麟蒸饺"。皇帝一看，这还了得，麒麟乃是仁兽，只有皇家才能使用这瑞祥的名字，怎么能把它蒸了卖呢。平民百姓竟如此大胆，不觉怒从心中来，带着随从就进了这家酒楼。说来也巧，康熙进来时，已是正午时分，他们几人边走边看，把时间也给忘了，待进了酒楼，才觉肚子已经是饥肠辘辘了。于是拣个座位坐下，为了不暴露身份，他们只好先强压心中怒气，唤来店小二问道：这饺子为什么叫麒麟蒸饺？小二答曰：这位客官有所不知，小店这饺子可是远近有名的。饺子馅是用驴肉调制，因驴肉鲜美无比，可与龙肉比美，地上能和龙相比的只有麒麟了。所以，这饺子就叫麒麟蒸饺。客官若不相信，可先尝尝，吃不好分文不取，咱也摘了牌子。康熙听罢，颇觉有点道理，且万幸没把龙肉蒸了吃。于是就点了几笼蒸饺。当热气腾腾的饺子端上桌来，早已肚子空空的康熙和随从便狼吞虎咽地吃了起来。康熙贵为天子，在皇宫什么山珍海味没有吃过，可就偏偏没有吃过这么美味的饺子。几笼蒸饺，不知不觉已吃了个精光，心里的火气也早不翼而飞了。肚里虽觉已饱，但口里却还觉得不解馋。于是就让随从又要了几笼，带在路上吃。其实，当康熙一行刚进酒楼时，掌柜的就看出他们并非一般的买卖人，再看看他们说话的来头，心里已有几分意会，便私下吩咐店小二，要小心伺候这几位客人。看看几个人吃饱了，又要了几笼带走，掌柜的这才乘机来到康熙面前说："几位客官吃得可好？"康熙见问，不觉脱口而出："好，好，麒麟之名虽有狂妄之意，但这饺子确是天下无出其右者。也罢，也罢！"说完，告辞而去。掌柜的后来一打听，才知这几个人正是当今的康熙皇上带人微服私访，于是大肆宣扬开来。从此，麒麟蒸饺更加美名盛传，轰动一方。

（六）石蛤蟆水饺怪名传

"石蛤蟆"的名字本来就怪怪的，"石蛤蟆水饺"的名字恐怕就更令人感到诧异了。然而，就是这么一个名字怪怪的"石蛤蟆水饺"，在山东的博山一带却影响非同一般，成为名噪一时的地方名吃，给这个北方的"瓷都"增辉不少。

"石蛤蟆"是当地群众送给水饺铺主人石玉璞的绰号。这绰号的来历曾有几种传说。石玉璞在"七·七"事变前后，是当地小有名气的生意人，以经营小食店为业，开始只经营菜煎饼、油条之类，后来扩大经营，改卖水饺。石玉璞的水饺铺设在观音堂对面的河滩里。这个水饺铺，初时只是个临时搭起的小棚子。逢到汛期，棚子拆除，暂停营业，因为汛期时河水就漫上了河滩。等汛期一过，水饺铺又开张营业。由于铺子临河搭建，人们常常是边吃水饺，边欣赏河里的蛤蟆夜晚发出的"哇哇"叫声，此起彼伏，别有风趣。而石玉璞本身长的身短体胖，肚子也鼓如蛤蟆，久而久之，不知哪位客人心机一动，随口送给他一个"石蛤蟆"的绰号。没想到，铺子主人不仅不在意，而且还因为他经营的水饺特色鲜明，讲究信誉赢得了客人的信赖，生意日益兴隆。于是一不做，二不休，就打出了"石蛤蟆水饺"的招牌，以招徕客人。石蛤蟆水饺由此得名。

又有一说，传说石玉璞在河滩上搭棚经营水饺，开始由于没有经验，生意很差，虽经反复研制，怎么也得不到客人的赞同。水饺的口味虽然差些，但由于他为人实在，乐于助人，颇受人们喜欢。据说，有一次，不知从什么地方来了一个白胡子老头，路经此地，要吃水饺。石玉璞一边热情地让老人坐下，一边烧火下饺子，可饺子刚下进锅里，锅盖尚未盖上，突然从棚子后面跳上一只蛤蟆，不偏不斜正好掉进了水饺锅里。眼看一锅饺子被这只蛤蟆给搅了，店主人心里舍不得。心想，干脆煮熟自己吃吧。可是当他把水饺煮熟，捞出看时，却怎么也没有找到那个跳进锅里的死蛤蟆。他觉得奇怪，顺手拿起一个饺子填进嘴里，不知什么原因，一样的饺子，今天的奇鲜无比，正要盛好送给客人，可回头看时，那老者已无了踪影。原来，石家的好心和勤劳，感动了神灵，特派河里的蛤蟆精来帮助他。此事一传十，十传百，前来品食饺子的人络绎不绝，而这饺子也确实与众不同。因他本人姓石，所以，就有了"石蛤蟆水饺"的名字。

实际上，石蛤蟆水饺与众不同的秘密并非有什么神人相助，而是制作时讲究质量。选料精，投料准，做工细，讲信誉，几十年如一日，特色不变。石蛤蟆水饺独到之处是边调馅，边包制，边下锅，始终保持饺子的新鲜，这是使其成为饺中名品的关键环节，再加上店主人的热情服务，遂美名远扬，盛传几十年不衰，以致成为博山人的骄傲，也成为今天旅游者去博山的必食之品。

（七）"老二位"饺子铭记民族恨

"老二位饺子"现在是秦皇岛市著名的风味小吃之一，以其富有特色而备受食者喜欢。老二位饺子系清真风味的牛肉馅蒸饺，据传已有近百年的历史了。这种饺子的加工、选料都特别讲究。牛肉要用牛腰窝处的嫩肉，用刀剔出筋膜后，再用绞肉机反复绞两遍成为肉泥，然后加入葱、姜、香油、盘酱及花椒水等，逐渐搅打成上劲的馅子，包成饺子后，上蒸笼内用旺火蒸 15 分钟左右熟透即成，具有滑润多汁，鲜嫩爽口，皮薄柔韧等特点，是牛肉蒸饺中的佼佼者。

提起"老二位"饺子，当地人都能滔滔不绝地说出一段它的成名史，在"老二位"饺子的身上，还深深地铭记着日本帝国主义侵略我国的民族仇恨。清朝末年，回族人杨利廷带着两个儿子，谋生来到了山海关。他们一家人身无长物，但能包一手好饺子，于是就在朋友的帮助下，在山海关南门里八条胡同处开办了一家回族风味的杨家饺子馆。经过数十年苦心经营，杨家饺子馆的饺子以皮薄、馅大、肉馅不腥不膻、油而不腻的特色，赢得了当地人的称赞，加上他们和蔼可亲的服务态度，生意一度非常兴隆。尤其是山海关唯一学府——田氏中学的几名老师，常来小馆进餐小酌，谈天说地，论古道今，渐渐地就和杨家掌柜的混熟了，成了好朋友。每当老师及当地乡亲们成对结伴走进小馆时，跑堂的总是热情地上前招呼："您二位来啦，里边坐。"这句话几乎成了这家饺子馆经营服务的标志，给客人留下了深刻的印象。1935年，日本关东军故意生出事端，用大炮对山海关进行无理轰炸，使无数无辜的平民流离失所，无家可归。杨家饺子馆也在这次炮击中难逃劫运，房子遭到了严重破坏。杨家人认为，日本鬼子靠强大的军队来欺压中国平民，罪大恶极，房子虽然毁了，但中国人的顽强精神不能毁。于是，又重新集资，在原址重新修建。店铺修好后，杨家去请田氏中学的两位老顾主题个匾。这两位老师一想起在杨家饺子馆就餐时的情景，就忘不了跑堂伙计那热情的招呼声，不觉思旧生情，于是建议掌柜的，把杨家饺子馆干脆改为"老二位"饺子馆。热情待客，既是杨家饺子馆的传统，也是我们的民族传统，应该继承下来。"二位来啦，里边请"的用语，就是最生动的体现。杨氏一听，连说有理，有理，也使人们不忘国耻与民族恨。从此，一句口头语竟成了杨家饺子馆招徕生意的招牌，同时也铭记了日本帝国主义侵略中国，欺压无辜百姓的历史仇恨。

解放后，在人民政府的协助下，又将"老二位"饺子馆这一赫赫有名的地方名称由山海关迁到了秦皇岛市，声名依旧。

（八）广东虾饺美名扬

虾饺，是广州茶楼经营的传统点心，它个子比拇指稍大，呈弯梳形，皮薄而半透明，内中馅料隐约可见，煞是喜人。由于虾饺外形美观，口感爽滑，美味可口不腻，因此成为几十年来广州茶楼必备的老牌点心，并随着日益升高的声誉也远传大江南北，成为人们喜爱的美点之一。

广东虾饺，相传始创于20世纪20年代。据说，当时地处广州市河南伍村的五凤乡，是一个环境幽美、经济繁盛的小镇子。就在这个很不起眼的乡村河边上，有一间家庭式的小茶楼。茶楼的老板是一个非常精明的人，而且烹调手艺也很不错。他为了招徕客人，不断地变换自己经营的食点品种，在当地颇有些名声。有一次，无意间买了一筐鲜活虾，正准备剥皮烧菜烹汤，突然一个想法在他脑中出现，这么新鲜的虾肉，何不用来制成带馅的茶点。于是，他就动手试着做起来，将鲜虾取肉，配上少量的猪肉和鲜笋等，剁细调制成馅，包成弯月形的饺子，蒸熟后口味不错，深受客人喜欢。开始时饺皮较厚，也不像现在这样有透明感。不过到底因为是新品种，加上味道非同一般，所以很快赢得了来往客人的好评，并很快沿着河流传到了广州，经过几年的发展，成为驰名羊城的点心。

为了适应广州食者的口味和心理需求，广州茶楼的名师高手在传统虾饺的基础上，又进行了不断的改良、出新。将普通的面粉，换成"澄面"，使其更加滑腴，薄薄的饺皮，可以透出淡淡的红色饺馅。馅料也变换多样，有加入鸡肉末的鸡粒虾饺，有加上蟹黄的蟹黄虾饺，等等。虾饺的造型也在保持传统特色的基础上，勇于创新，包捏成各式各样的形态。其中最有代表性的虾饺是由广州泮溪酒家的著名点心师罗坤创制的"绿茵白兔饺"，洁白可爱，小巧精美的兔形小饺摆在翠绿色的青菜茸上，犹如只只活泼灵捷的小兔在绿油油的草坪上奔跑、戏耍一般，真可谓活灵活现，栩栩如生。创制者罗坤也因此荣膺"点心泰斗"的美称。"绿茵白兔饺"在用料、做工、造型上都有新的突破，但又不失传统虾饺的特色，把烹饪技术和造型艺术融为一体，充分展示了烹饪艺术的魅力和精妙。这样的美饺，吃上一口，能不香透肌里，令人心旷神怡！

（九）山东名吃"四喜饺"

"四喜饺"是山东省内广为流传的名饺之一，各地均有制作，但以济南、烟台等地制之最精。"四喜饺"的形状与普通传统饺子的形状相去甚远，它是在厨师大胆改革的基础上创制成的。将饺皮包成四个向上的圆孔，呈田字形，把用猪肉、鸡脯肉、海参、虾肉等原料调制成的四种馅料分别填入四孔内，然后在四孔上面撒上红、黄、绿、白（或黑等）四种颜色的食品碎末，如鸡蛋皮末、火腿末、青菜末、木耳末等，起点缀作用，然后将外角捏成花瓣形，入笼蒸熟，就成为造型别致、风味迥异的"四喜饺"了。四喜饺的名称是根据我国古代传诵在民间的《四喜诗》而来的。其诗为：

久旱逢甘雨，

他乡遇故知，

洞房花烛夜，

金榜题名时。

这首诗曾作为旧时农村私塾课本中的必读内容，故流传甚广。人世间，久旱之后喜降甘雨，他乡邂逅多年不见的知交旧友，娶新娘，登金榜，旧时确实堪称一般平民的人生大喜事。但四喜同时降临在一人身上，却是一件非常不易的事。相传，明末清初年间，在山东的某地，有一位读书人，经过十几年的寒窗苦读，又在科考场上经过几天几夜的拼搏，终于题名金榜，高登魁首；正在回归的路上，又偶遇多年不见、又同时考中进士的同窗好友，便结伴同行，一同来到他家。然而，人未进门，家里已是烛火通明，张灯结彩。原来，其父由知县升为知府，几年前父母为他下聘的新娘也被接进了家门，家人正准备为这四喜临门的巧遇，大肆庆贺一番。山东习俗，凡遇喜事，必吃饺子，而不同的喜事则有不同的饺子。可这回是四喜同降，该吃喜饺，还是状元饺，抑或是升迁饺。这时，有一个聪明的厨师，想了一个办法，调四种馅，包四种饺子，将其捏在一起，以象征"四喜"同时临门。果然，这一招赢得了主人及客人的称赞，并取名"四喜饺"。

后来，四喜饺在厨师的进一步改革下，用一张面皮捏成四个相同的圆孔，放进四种饺子馅，点缀成四种颜色，聚四种饺子的特色为一体，堪称匠心独运。从此，这四喜饺就在各地广为流传。举凡大型的农家喜庆活动，条件允许的人家，均以四喜饺为点心，招待客人。因为此饺系蒸制而成，所以更适合作宴用点心，一般不做主食。现在，四喜饺成为宾馆、饭店豪华宴席中的佳品。

（十）渔家饺子风味殊

渔家饺子是流行于我国东部沿海地区，尤其是北方渔区的饺子的总称，它的特点是调馅的用料均以新鲜的海味原料为主，讲究现吃现包，取料新鲜。常见的如三鲜饺、海蛎饺、蟹肉饺、蟹黄饺、虾仁饺、对虾饺及各类鱼肉饺。其中尤以鲅鱼水饺最有特色。南到江苏的连云港，北到辽宁的大连等渔区，鲅鱼水饺可谓风靡一方，不知倾倒多少美食家。

鲅鱼，学名马鲛鱼，以其肉质厚、骨刺少、细腻鲜嫩见长，最宜于厨者去骨刺剔肉，用于制肴和调制馅料。鲅鱼饺子的制作，最讲究的是鱼的新鲜度，以刚出网的新鲜鲅鱼最为美好。将鲅鱼一劈两开，剔去骨刺，头尾去掉，然后将鱼皮去净，用刀剁成细泥茸，盛碗内，加入少许猪肥肉泥，以增其香。然后逐渐加入清水（鸡汤尤佳）搅至鱼肉起劲。加水的多少是一项技术要求很高的环节，适度的加水才能保证鱼肉馅软而不硬，鲜嫩滑腴。搅好的鱼肉再加入调味料调匀。取鲜嫩的韭菜（韭黄更好），洗净用刀切成细段，加鱼馅内拌匀。鱼馅饺子的面团要调得稍软些，面剂要稍大，擀好的饺子皮厚薄均匀，薄软而不碎，然后把鱼肉馅抹在面皮中间，将面皮对折后，捏成半月形。用手挤压的饺子因吃馅少而风味不及手捏成的好。煮熟后的鱼馅饺子皮薄馅足，半透明的饺皮隐隐透出韭菜的点点翠绿，扁半圆形的大个造型，给人以笨拙中透出几分细腻，粗犷中映出渔民的雄壮性格。食时，略蘸香醋最妙，不能佐大蒜、酱油及其它调味料，这样的吃法，最能品味到鲅鱼水饺原汁原味的美妙之处。否则，真味尽失，不得其美。

北方人吃饺子，不仅重视饺子本身的味道，更重视吃饺子时的佐料调和，也就是平时讲的配搭的佐料碟，由进食者自行调和选用，蘸而食之。这种小料碟的配合，表面上看似乎很简单，其实是一门艺术。吃什么口味、什么馅料的饺子，配用什么样的料碟，虽无定规，却是很有学问的。如吃鱼肉饺子以蘸醋为佳，不着其它；吃对虾饺子则少点香油最妙；吃猪肉水饺则应配以三合油（醋、酱油、香油调和而成）、大蒜泥；吃素馅饺子则不宜蘸蒜泥等。当然，每个人还可以依据自己的嗜好佐以各色料味碟。这种进食的习俗，其实也是进食者对饺子调味艺术的一种补充。这种调味形式的补充之妙，就在于虽有一定的内在规律，却又不拘泥于某种定式，具有很大的灵活性，这本身就是饺子食俗文化的重要组成部分之一。西方人初次食饺，有用餐刀将其割碎，再撒上调味酱食之，那样，不仅使饺子之形尽失，其中的真味更丧失殆尽，尤其重要的是失去了食饺子的文化氛围和艺术情调，说到底，就是不谙中国的饮食之道。

鲅鱼饺子因略有海腥味，食时才蘸香醋佐之，起化腥增香的作用，才有味道，这不仅仅是一种进食的习惯，而是食者对食味深刻理解后的一种艺术处理。烹调艺术讲究扬善去恶，进食时也要讲究艺术配合。只有熟谙食饺的这一真谛，才可以算是得食饺之三昧了。

渔家饺子，除了鲅鱼水饺，最名贵的当属对虾饺子。虽然珍品中尚有"鱼翅饺子"之类，但那是干海珍品经发制而成，根本无法与鲜品一类比美。用渤海湾春汛捕捞的大对虾，去皮取肉剁细调馅包成饺子，吃一口，滑嫩爽口，汁透满口，鲜渗肌理，那种享受，早已超越了一般的口欲之需，而成为一种艺术的享受。所以，食中华水饺，除了果腹朵颐之外，尚有艺术、文化的内涵，这也是中华水饺之所以能成为中华面点"国粹"的重要原因之一，也是水饺的生命力之所在。

（十一）巧烹妙制饺子奇味多

中华饺子，名目繁多，千姿百态，除了以上介绍的几种享誉颇高的名牌饺子外，在我国各地的广大民间，还流传许许多多奇珍名品。它们各以自己的风味特色独领风骚，有的现今已成为宾馆、饭店中的名点佳馔。这些饺子，或是某种民食风俗的反映，或是某种制作技术的体现，分别从不同的角度丰富了中华水饺的文化内涵。现择其精要者略加介绍。

扁食泡糕　以其吃法独特受到人们的喜欢。扁食泡糕系江西景德镇小吃。扁食即饺子，制作上类似馄饨，饺馅精肉多而肥肉少，调制讲究，面皮比馄饨皮还要薄。米糕系用籼米、糯米粉混合调成糕面团。两者分别加工好后，用两个大热水锅将扁食、米糕煮熟，趁锅沸时捞出，搭配好盛到碗中，撒上景德镇特有的"四季葱"花，冲入用猪骨架等熬制的鲜汤，略调味即成。具有色白汤亮，鲜香不腻，软硬适口，柔韧劲道，米面妙配的特点。

上汤水饺　系广东名吃。该饺以独特的造型称著于饺品之中。饺子馅用猪瘦肉剁细加料调制成，饺皮擀得较薄，包馅要适当，用手捏成饺肚滚圆、饺边宽大的样子，其形状像一个个大大的金鱼。此饺吃时最重的是汤，称为"上汤"，是用猪肘、母鸡等熬制而成，滤清后，加热，配以冬笋、火腿制成。饺子煮熟后盛大碗内，再冲入上汤，类似山东的高汤状元饺。此饺汤鲜形美，别具风味。据传上汤水饺在广州已有三百余年的历史了，曾是清朝年间广州的"福来居"饮食店的拿手绝活。

牛肉抠饺子　这是一种别具制作特色的米粉炸饺，是湖北著名的小吃之一。将精细的优质大米粉，慢慢放入开水锅中搅匀，烫煮至七八成熟时，搅至不粘手取出撊匀。用嫩牛肉切成小丁，配葱、姜、豆瓣酱等制成馅料。把烫好的米粉团分成小剂，每只搓成一头粗，一头细的圆柱状，逐只竖立于右手大拇指按成坛子口形。取一只放在左手掌上，右手中指擦油从坛子口处伸进，慢慢地抠，边抠边转动，转成肚大、口小的圆坛形，挑入适量牛肉馅，封口捏拢，捻成六瓣花纹，然后放到香油（花生油也行）锅中炸至熟透即成。成品色泽金黄，形似木鱼，外酥里软，在湖北沙市享有很高的声誉。

龙玉面饺　是面食之乡山西的著名地方小吃之一，以其特有的造型享誉一方。所谓玉面，又称之为澄面，就是用水洗去面筋后沉淀出来的面粉，细轻无劲力。把玉面用开水烫熟，加少许猪大油揉成光面。饺子的馅料可任君自用，或猪肉，或素，或核桃仁甜馅等。把面皮擀薄，捏拢起正面折成三角形，反面把两角对齐捏住，放入馅料，再把开口的一角与已捏合的两角捏紧，将9个边搓捏成鸡冠花形，俗称将军帽，入笼蒸熟即可。成品形如九龙眼，颜色油光雪白，是极富地方特色的工艺蒸饺，为宴中之佳味。

南瓜蒸饺　这是一种颇具四川乡土风味的饺子，其特色在于馅料的制作。将老南瓜取肉厚处，去皮去瓤，用刀剁成细粒，然后将半肥半瘦的猪肉剁成泥，加芽菜入油锅内炒匀，盛出与南瓜粒、葱末调制成馅。然后取面皮，包入馅心，捏成豆荚形，入笼蒸熟。成品具有滑嫩滋润，清爽利口，香而不腻，面皮柔韧的特点。尤其具有南瓜的特殊香味。南瓜本是极为普通的瓜蔬，因产量高，旧时民间可以充粮，至今仍属廉价之品。但经过精细调制成馅，包成饺子，却成为特色鲜明的佳品，大有化平庸为神奇的意境。

钟水饺　是四川成都最著名的小吃之一，以配搭各种汤味调料为其主要特色。钟水饺因业者之钟姓为名。该饺为清末钟燮生所创制，于1893年在成都市荔枝巷开设饺子馆，故有荔枝巷钟水饺之称。钟氏经过多年的努力，创出了颇具川派特色的红油水饺和清汤水饺。饺子的馅料、做工等一如其他水饺品类，但在调肉馅时要加入花椒水，包成的形状为传统的月牙形。进食钟水饺的关键在于红油和清汤的调制。红油是用混合豆油，加入香油、红油海椒、蒜泥、味精调制而成，鲜咸甜辣，浓香馥郁。清汤则是用高汤加白豆油、胡椒末、芽菜、葱花、香油等调成，以清鲜味美，淡而不薄，细嫩化渣著称。这两种水饺，已成为四川水饺的代表，享誉颇高，现已风靡全国。

信封萝卜饺　信封是江西省属地，该地虽然名声不大，但特色显著，名产小吃享誉赣州大地。当地民谚云："信封有三宝，酱油、瓜子、萝卜饺。"虽然萝卜饺列为宝，未免有点唐突，但说明萝卜饺确实非同一般。它的显著特色有二：一是制馅需用鲜鱼肉；二是面团系用番薯粉调制。鱼肉馅的饺子不足为奇，但奇在用白萝卜与鱼肉结合，按传统习惯，似有点不伦不类，但特色便在于此。馅的制作是先将萝卜丝炒熟勾芡，略显黏糊，而后将猪肉片、鱼肉片拌上酱油等入味。番薯粉加少量面粉，用开水烫透揉匀，擀成圆形薄面皮，包时挑入肉馅，再加上鱼片、肉片各1～2片，包成月牙形，然后上笼蒸熟。吃时可佐蘸酱油、辣椒油等，具有饺皮柔软滑润，吃味香辣浓郁、咸中透甜、油而不腻的特点。

虾籽饺面　虾籽饺面在江苏民间又称之为"龙虎斗"。所谓龙虎分别是指面条和水饺。这是一种将水饺和面条混合一起共食的小吃。取干鲜虾籽，放入开水煮至回软，捞出调入肉馅中，包成肉馅虾籽饺。煮熟后盛入大碗内。把手擀的细面条也煮熟，挑入盛饺子的碗中，然后把煮虾籽的原料加调味料，如冬笋、火腿等调味后，冲入面条饺内即成，风味别具一格。特点是汤、饺、面共食，汤清饺嫩，面条滑润柔软，鲜爽可口。

萝卜米饺　是一种非用手捏包而成的炸饺，具有特别的风味，制作上独具一格。将大米和黄豆共同淘洗干净，用水浸泡，然后带水磨成细浆，盛在盆内。萝卜切成细丝，盐渍去水后，加入姜丝、蒜苗、花椒粉等拌成馅。用大锅放油烧热，用特制的半月形带柄铁勺入油中炸热取出，舀入米豆浆，放入萝卜丝馅，扒匀，再舀入米豆浆覆盖在萝卜丝上，呈饺形，再放油锅中炸至金黄色熟透即成。成品呈金黄色，形似半月，外焦酥，内软滑，具有萝卜、米、豆特有的复合香味，是湖北有名的特色食品之一。

淮饺　又名淮安小馄饨。该饺煮熟带汤进食。据说淮饺系由淮安人黄子奎于清朝光绪年间创制，他是在借鉴了水饺和馄饨的普通技术的基础上研制而成的。将面擀成大薄片，薄片放手掌上能透见掌纹，然后用刀切成方块的饺皮。肉先用刀背捶碎，再切剁成泥，加味料调成馅。面皮包上肉馅，用手捏成麻雀头形的小饺，煮熟捞出。另将鸡汤烧热，加入各种调辅料，浇在水饺碗内即成。具有饺皮薄如纸，肉馅细无渣，入口滑润爽利等特点。

藕粉饺　顾名思义，是用藕粉制成饺子皮，包馅而成的。饺子通常由面粉制成，但在盛产莲藕的水乡浙江部分地区，人们却独出心裁，取藕粉，加入糯米粉、粳米粉混合拌匀，用开水烫透，放入热锅中翻炒至水分略干不粘时，揉成面团，制成饺剂，包入馅心。馅料可荤可素，可咸可甜，捏好后上笼蒸透。也可将藕饺放入热油锅中，炸至饺子向外吐水，发出"哧哧"声响呈金黄色时捞出。蒸者滑润干爽，香甜适口；炸者外脆内嫩，干香浓郁。但无论蒸或炸，藕粉饺子作为一种特色鲜明的小吃在中华饺子中占有一席之地，并广为食者称道。

玻璃羊肉饺　羊肉饺，在北方不足为奇，蒸的、煮的皆有，但大多是用面粉包制的。而玻璃羊肉饺却另辟蹊径，不用面粉，而用马铃薯，经过蒸制、去皮、捣泥制成面团包制而成，使之不同凡响。马铃薯，又名土豆，富含淀粉，营养丰富，但制粉无劲力。于是，蒙古人（内蒙古）将其先煮熟，捣软后，加少许面粉，调成柔软的面团。羊肉选精者，切成细粒，配上葱、姜、大白菜等调成馅，然后取面皮包制而成，上笼蒸熟。由于土豆泥具有透明感，因而成品光亮透明，隔皮可略见馅心，饺皮柔软滑腻，馅心嫩滑多汁，风味殊佳。这是流行于内蒙古部分地区的著名小吃。

一篓油水饺　在河北省的邯郸市颇有名气。系邯郸人王金堂于1944年创制。当时在邯郸的洛新街，有一家饺子馆，就是由他经营的。他为了赢得客人，在选料和做工上都下了很多功夫。猪肉必须用当日新肉，剁成肉泥后，用老汤打浆，然后配上小磨香油及精选的调味料，调成馅。面皮要保持硬软适中，不破不碎。煮熟后，趁热食之，轻轻一咬，鲜汁溢出，油流满口，馅在其中，入口即化，其美妙不可言，故有一篓油之说，故名。一篓油水饺的关键在于调馅技术，要保持汤汁丰盈，不破不溢，吃时才会汤汁满口，鲜爽不腻。

白记水饺　天津回民风味小吃。以面粉与牛、羊肉两种馅心包制而成。白记乃指该饺的创始人白文华。白系回族人，于 1930 年在天津的鸟市游艺场包制出售，因口味佳美，赢得了当地人们的喜欢。该饺的特点是肚大边小，薄皮大馅，清香不腻，滋味鲜美。要保持良好的质量，选料非常重要。白记水饺选取牛、羊的肋条和脂盖两个部位，剔去筋膜、软骨后，绞成茸，加花椒水吃浆，配大白菜或西葫芦制成馅料。只有这样，才能保证嫩且多汁，鲜爽不腻的特点。

谈炎记水饺 湖北汉口著名小吃。谈炎记水饺相传已有80 余年的历史，其水饺特色是形美、皮薄、馅嫩、汤鲜，食之爽口润腹，余香绕齿。其制作过程讲究八严：一是选料严，专选肥瘦适中的肉；二是制馅严，肉要洗净沥干，筋膜清除干净；三是制皮严，面团要调和起劲，条要均匀，皮要反复擀压，四方标准；四是包制严，收口不轻不重，饺成金鱼体形；五是熬汤严，选用嵩于骨熬制，骨与加水的比例有规定；六是佐料严，专用猪花油，葱姜用细末；七是煮饺严，汤水要滚开，下锅要定份，随时搅动，受热均匀；八是点味严，下盐讲分量，一次要点准。正是因为饺子的质量好，才赢得了客人，且保持几十年享誉不衰。

酸辣饺面 是云南昭通地区的著名小吃。它的特色是突出酸辣口味，饺子、面条合二为一，饶有风味。酸辣饺面最讲面团的调和。选用精白面粉，加入鲜鸡蛋及适量食用碱调和而成，揉匀后分成两份，一份用来擀制成面条，另一份则制成饺子面剂，包入调好的肉馅，捏成金鱼形的饺子。饺子煮时，要用砂锅，先煮饺子至五六成熟时，再把面条下入锅内，同煮至熟，捞出。用猪骨清汤加胡椒粉、醋、香油、芝麻等调成酸辣味的鲜汤，浇在饺子面条碗上即成。具有饺、面共食，酸辣咸香，鲜美可口的特点。

响铃饺　菜肴中有一类上桌能发出响声的品类，风格独特。在水饺中，也有类似的制品，这就是"响铃饺"。响铃饺系云南的地方小吃，以制作讲究，吃时发出响声而闻名于世。饺子馅和其它相同，肉泥打浆调制而成，以嫩不出汁为宜。面团调和后，用擀面杖擀成大薄片，用刀切成方形小片，挑入肉馅，包成金鱼形的小饺，然后放入热油锅中炸至呈金黄色熟透，捞出装盘内，另用勺加入清汤、醋、青菜、笋、火腿、胡椒粉烧开，制成沸热的酸辣汁，趁热浇在炸好的饺子上，因为两热相遇，发于"哧啦哧啦"的响声。制作响铃饺的要领：一是要炸饺与烧酸辣汁同时进行，同时出锅，快速浇上，才有响声；二是酸辣汁的量要适度，烧开后加淀粉勾芡，但不能太稠，否则效果不佳。响铃饺要趁热进食，汁鲜饺香，脆而滑爽，酸辣利口。

　　蛎黄蒸饺　是海鲜饺之一种，盛行于辽宁地区，系用海蛎鲜肉调制成馅，别有风味。该饺的面团，调制有讲究，四成面粉用开水烫透；六成用凉水和成，然后将二者合一，揉匀揉透。猪肉剁碎，蛎肉去净壳渣，挤去水分，切成小丁，将两者合一，加酱油略腌，加少许鸡汤搅上劲，再加调味料拌匀，配以大白菜或其他时令菜末拌和成馅。包好后，摆笼内蒸熟即成。蛎肉之鲜，品尝过的人皆知其美，用于制作饺馅，可谓匠心独运。肉香与蛎鲜融为一体，真个珠联璧合，相得益彰，令人久食不厌，鲜香可口。

　　海肠小饺　海肠小饺也是渔家风味的名吃之一，其独到之处就是使用海中最具鲜味的海肠子制馅，鲜味独特。据传说，胶东半岛有一个韩籍华裔人，在韩国以经营水饺著称，他的饺子面皮、馅料表面上看均和别家无二，但吃起来，却鲜味独到，无有出其左右者。原来，这其中的秘密就是在饺馅中加入了海肠粉。他在每年海肠上市时，回老家收购，干制粉碎后带回韩国，制馅时调入，颇具其鲜。因为路远，鲜品无法携带，故制粉以用。但在辽宁、山东沿海，则使用新鲜海肠子，洗净后，剁碎加入肉泥中，其鲜较之肠粉更胜一筹。因而其鲜美程度也就可想而知了，其制法与一般饺子相同。

朱砂水饺　朱砂水饺以其特殊的饺馅及精制的面团包制而成，因风味独树一帜，成为天津的地方名吃。该饺制馅特别：将咸鸭蛋煮熟，取出其中的蛋黄，压成泥，水发干贝、鲜笋、葱、姜均切成末，合在一起，加香油等味料拌成朱砂馅。面粉加鸡蛋液，和成鸡蛋面团，揉匀下剂擀皮，包上馅料，捏成月牙形，下入开水锅中煮熟即成。朱砂水饺吃口与别种相同，但口味殊佳，因用咸鸭蛋黄配上笋、干贝等，具有特殊的香鲜味，令食者赞不绝口。由于咸鸭蛋的金黄色犹如朱砂的金红色，故以色取名。

七、独领风骚饺子逢盛世

饺子作为中华民族颇具代表性的面食品种，自它诞生之日起，就注定与中国人的生活密切相关，在经历了一千多年的发展、完善、丰富的过程中，形成了独具特色的饮食文化，它在中国饮食文化、民俗文化中的作用和地位，是其它任何一种食品都无法替代的。

饺子虽然诞生于平民生活之中，但从它的用料、加工来看，属于精细食品。因此，在旧时平民生活的经济条件尚不发达的年代，饺子只能作为人们生活追求的美食，在年节、饷客、祭祀等活动中得以食用。改革开放以来，我国国民经济水平得到飞速提高，人民的生活水平也得到了巨大的改善，吃白面饺子已不再是日常生活中奢望的事情。饺子作为大众化的美食，已经真正回到了平民百姓的餐桌之上。与此同时，随着我国饮食市场的繁荣和发展，饺子这一民族的传统食品，近几年来也得到了强有力的发展和开发。新的品种、新的技术不断出现，经营饺子的店铺林立大街小巷。现代化的机器生产，先进的速冻技术的发展，已使我国这一古老的美食进入了现代市场的快车道。在国外、海外市场上，饺子同样作为中国饮食文化对外交流的媒体，作为中华美食，征服了众多的外国客人，成为全世界人们的美食。小小的饺子已经成为今天人们饮食生活中不可或缺的食品之一，为丰富和美化人们的餐桌发挥着巨大的作用。真可谓，独领风骚数百年，饺子今日逢盛世。

（一）史久代代传，技艺日日新

近几年，我国饺子的制作技术在传承前人精华的基础上，精益求精，日益出新。其品种丰富多彩，遍布长城内外，大江南北。北方的饺子仍保持料重味浓、油润鲜香的特色，虽然饺子的形状和制作方法变化较大，但朴实无华，具有浓重的地方特点和民间乡土气息。南方的饺子则制作华丽精细，饺形小巧玲珑，并有口味清淡、爽滑软绵的风格。

饺子制作技术的日益提高和发展，还表现在饺馅味型的多样化。目前除有咸、甜、麻、辣等基本味外，还有鱼香、怪味、酸辣、五香等多种复合味。馅料也由过去以猪、牛、羊肉为主，增加海参、鱿鱼、鲍鱼、干贝等海味品；河湖类的鱼、虾、蟹等也广泛使用。皮面也由原来以小麦面粉为主，发展为澄面、米面、杂粮、藕粉等多种品类。饺子的熟制方法过去以蒸和煮为主，现已发展到使用蒸、煮、烙、煎、烤、炸等不同方法。历史悠久的饺子技术，发展到今天，终于展出了新姿，为中华水饺的进一步发展创造了有利的条件。

现在，我们仅从饺子的熟制方法入手，来欣赏一下中华水饺的缤纷多彩。

蒸饺

蒸饺是饺子系列中品种最多的一类。蒸饺一般都用热水和面，当面粉与热水相结合时，面粉中的淀粉和蛋白质受热起变化，即淀粉糊化与蛋白质凝固，使面团达到初步熟化的目的。所以，蒸饺使用的面团，可塑性较强，易于成品定型，并可制成各种动物花鸟等有造型的花色饺子，使蒸饺成为一种既能食用品味，又有艺术欣赏价值的食品。因此，近年来饺子新品种的开发，在这方面的变化最为突出。

蒸饺面团的调制，一般有三种方法。一是全烫面，即全部面粉均用开水烫透后制成面团。这种面团制成饺子后软熟无筋，口味回甜，色暗泛青，外观质量较差。二是三、七面，即70％的面用开水烫熟，30％的面用温水或凉水调好，然后混合一起揉搓成面团。此面团有一定的韧性，成品口感软硬适度，且不易变形。三是水油烫面，制法是开水中加一定比例的猪大油，将面粉烫熟。水油烫面的质量较高，成品色泽洁白，柔软滑润，口感也好于前两种。

蒸饺馅料的变化也很大，可以用生馅、熟馅、生熟混合馅，也有荤馅、素馅之别，口味上更是变化多端。馅的用料也极为广泛，可根据品种选择鸡鸭鱼肉、山珍海味、蔬菜干果、菌类和豆制品等，但必须选用新鲜优质的原料，经粗加工、精加工之后，才能用于制馅。蒸饺蒸制的时间一般较短，因此馅料不宜太粗，以保持其鲜嫩的特色。

蒸饺蒸制时有讲究，要根据品种的大小，馅料的生熟，形状的变化，掌握不同的蒸制时间。一般品种宜一气蒸成，中间不能揭盖，俗话说："不到火候不揭盖"，就是这个道理。但也有的品种，为保持其成品独有的色泽、形态，中途要适当开盖排气。

蒸饺的品类很多，各地都有制作，现选其有代表的列出，以展示蒸饺的丰富多彩。

四喜蒸饺	五叶梅饺
三角饺	江城蒸饺
鸳鸯饺	羊肉蒸饺
烫面饺	蟹黄蒸饺
冬瓜饺	虾蔬蒸饺
四方饺	花素蒸饺
蝴蝶饺	双虾蒸饺
冠顶饺	松仁肉饺
煸馅蒸饺	干菜饺子
郎午蒸饺	鸡肉饺子
鸡血蒸饺	细沙饺子
鸭油蒸饺	滴汕蒸饺
四黄蒸饺	南瓜蒸饺
麻仁糖饺	牟平蒸饺
虾皮蒸饺	虾肉蛋饺
野鸭蒸饺	四鲜蒸饺
鸭肉蒸饺	花士林蒸饺
辣酱油饺	鸳鸯凤眼饺

清香枸杞饺　　　　　百花龙珠饺

凤酒牛肉饺　　　　　金钱马蹄饺

酱爆肉丁饺　　　　　枣泥山药饺

雪菜冬笋饺　　　　　草地白兔饺

三鲜九龙饺　　　　　睡莲玉鹅饺

百花玉面饺　　　　　鲜虾象眼饺

果汁肉丁饺　　　　　虾肉蛋黄饺

素鲜三菇饺　　　　　新兴圆蒸饺

鸡冠花蒸饺　　　　　茄汁牛肉饺

老蔡记蒸饺　　　　　赣州活鱼饺

薄皮鲜虾饺　　　　　江南百花饺

春城鲜虾饺　　　　　火腿冬瓜饺

葱肉四方饺　　　　　信封萝卜饺

灌汤蒸面饺　　　　　蟹黄水晶饺

三鲜海星饺　　　　　麻辣牛肉饺

鲜虾金鱼饺　　　　　菱粉枣泥蒸饺

五味雏鸡饺　　　　　灌汤小笼包饺

解粉白玉饺　　　　　秦味小笼蒸饺

水饺

水饺又称煮饺，是以水为介质，通过加热传导而使饺子成熟的，故名水饺。水饺是我国民间家庭最流行、最普及的一种饺子，食用范围相当广泛。

制作水饺的关键技术有调制面团、制作饺馅和包制成型等方面。水饺面团的调制以冷水或微温水常用，水温不高于30℃。由于水温较低，面粉中淀粉不易糊化，蛋白质也未变性，因此，面团质地细密紧实。使用时，必须进行一段时间的饧面，使其柔软细致，这样，成品才能光滑筋道，爽口干香。水饺的馅料虽可用生或熟，但以生馅为主。饺馅有纯肉、肉菜混合馅和素馅之别。纯肉馅因脂肪太多，吃起来有油腻感，故不太普遍。素馅也因缺少动物脂肪，而香味不足，有一定的局限性。肉与菜混合制馅则是最为普遍的，肉蔬配合，香鲜滑嫩，滋味隽永，因此，使用广泛。除此之外，用鱼、虾等肉泥制成的馅也别有风味，尤其是鱼馅饺，大部分都是水煮的，可以不失去本味，又显清爽不腻。

水饺的形状变化不是很大，一般有半月形、月牙形、木鱼形、扇贝形、元宝形、三角形等，随各地习惯和食用场合而定。进食水饺的最大特点是要佐蘸各种味碟，或配些时蔬小菜，也有的调制汤料浇碗内食用。还有一种汤饺，饺子煮熟后，盛碗中，另用各种鲜汤调味冲入碗中，连汤进食。其汤颇有讲究，不仅质量要高，口味也要根据变化需要而调制。还有一种在餐桌上由食者煮食的火锅饺。火锅一般用酒精为燃料，锅内放入鲜味汤水，烧开后上桌。包好的饺子端上，由食者根据需要放于火锅中烫煮食用。因火锅的加热时间受到一定的限制，故这种饺子一般个头较小，玲珑剔透，小巧逗人，边煮边食，饶有风趣。常见的水饺品种有：

钟水饺	茴香水饺
红油水饺	济南扁食
蛤肉水饺	温江水饺
鸭肉水饺	回宝珍饺子
鱼肉水饺	虾籽鲜饺子
蓬莱鱼馅饺	淮阳小饺
白记牛肉水饺	酸汤水饺
白云章羊肉水饺	鱼丸银锭饺
德长发海味水饺	荞面鸡火饺
笋饺	将军过桥饺
烩扁食	冬菇鸡汤饺

状元饺	鲜肉火腿饺
汉口水饺	香菇虾肉饺
客家鱼饺	捶料紫米鸡饺
羊肉汤饺	火锅鲜汤小饺
朱砂水饺	酸辣馄饨饺

炸饺

炸饺是以油脂为传热介质的熟制方法而成的饺子。油脂加热后的温度较高，从而使食品在短时间成熟。炸制品色泽黄亮，鲜明悦目，口感良好，具有香脆酥松的特点。油炸饺子也很普遍，品种也日益增多。炸饺有生炸、熟炸的区别。生炸即生饺直接入热油炸熟，熟炸则是先将饺子蒸熟和煮熟后，再入油炸至上色脆酥。炸饺还有带酥与不带酥的区别，不带酥的普通生饺，可直接用油炸熟。此类炸饺因面团中不含油脂，通过高温油炸，面皮中的水分大量挥发，故成品脆硬。带酥的俗称酥饺，面团中除水分外，还含有油脂，油炸后蒸发较多，成品酥松可口。

炸饺的馅料甜咸、生熟、荤素均可，但一般宜用熟馅，因为炸饺时油温高，时间短，使用生馅易出现外焦煳里不熟的现象。馅中的水分不宜太多，以免油炸时穿空跑馅而影响质量。炸制时的油温要严格控制，火力要均匀，宜先温油下锅，便于成熟，再逐渐加热，使其上色。要根据饺子的具体要求控制油炸时的温度。饺子的大小，面团的软硬，饺子的厚薄，不同的形状等等，均是控温的因素。下面是炸饺中的代表品种：

雪饺	萝卜米饺
米饺	烫面炸饺
抠饺子	糯米糖饺
炸藕饺	豆茸炸饺
花边饺	酥皮脆饺
酥皮葱饺	鸡冠炸饺
豆沙油饺	三河米饺
张口酥饺	炸芋头饺
韭黄盒饺	炸鸭酥饺
火腿炸饺	咖喱鸡粒饺
玉米佛手饺	酥炸百花饺
荞面菱角饺	秦岭板栗饺
雪花鸽蛋饺	萝卜丝酥饺
酥炸咸水饺	火腿萝卜饺

煎饺、烤饺、烙饺等类，因生产中应用不十分广泛，而且需要有专门的设备，此处就不多加介绍了。

（二）一餐饺子宴，尝遍天下鲜

如今，饺子已发展成为系列、配套的大家族，于是，人们开始设想，能否在一餐之中，尽享各种饺子的风格和风味。终于，在80年代中期，经过许多烹饪工作者的潜心钻研和努力，首先在西安推出了饺子宴。而今，饺子宴已经成为广大食者耳熟能详、家喻户晓的就餐形式了。

被誉为"天下一鲜，神州一绝"的饺子宴，自从在西安问世以来，很快就风靡全国，驰名世界，以至于有人说："到西安，如果不吃饺子宴，就如同外国人到中国不登万里长城、不看兵马俑一样，会感到遗憾的。"这话听起来，似有夸张之嫌，但饺子宴的魅力和风味，确实值得人们一尝。

饺子宴的诞生，虽然赖于西安市解放路饺子馆的锐意开发，却反映出了聪明智慧的中华民族的无限创造力和对艺术生活的美好追求。西安市解放路饺子馆，至今已有近90年的发展历史。该店为了适应改革开放以来西安古城旅游事业的发展，弘扬中华饮食文化的精粹，满足广大消费者的需求，于1984年起，着手研制饺子宴。他们遍访北方诸大城市，深入省内一些乡镇民间学习饺子的做法。他们曾经为学习一种丁香饺子，光虢镇一地就跑了三次。经过反复实验，令人耳目一新的饺子宴终于被搬上了餐桌，和广大客人见面了。

饺子宴的饺子，都是经过多次实践，精选出来的，其特色是富于变化。从熟制方法来看，既有蒸饺，又有煮饺，还有炸饺、煎饺和烤烙之类。如"冬茸蒸饺"是蒸的，"金豆娇鸭饺"是煮的，"蛋白段霄饺"是炸的，另有"干贝煎饺"等等。此外，还配有各种凉菜、羹汤、火锅及水果等。

饺子宴中饺子的造型，有的似蝴蝶，有的如云朵，有的像燕窝，有的如海贝，形态各异，五花八门。仅饺子封口一项技术，就有大折边、小折边、裂口边、麦穗边等多种。其中尤引人注目的是动植物形的仿生饺，纷呈多姿。如核桃饺，从颜色到形状都极像一个个鲜核桃，里面的馅也是核桃仁的。再如金鱼蒸饺，则是肚腹滚圆，眼泡突出，修尾摆动，形象生动逼真。鹦鹉、鸳鸯、白菜、彩蝶等无不惟妙惟肖，栩栩如生。其它的如芙蓉、翡翠、四喜、素丝、百花等也都极富自然美的色彩。

饺子宴的用料极为丰富，无论是燕窝、猴头、海参、鱼翅、鲍鱼、干贝等山珍海味，还是猪肉、牛肉、羊肉、鸡、鸭、鹅、鱼、虾、蟹等一般品类，乃至时令蔬菜、干鲜果品、山味野菜，都可以成为饺子的馅料。馅料的搭配，也有讲究，富于变化，一年四季，因时而异，人们都可以吃到季节特色极为鲜明的饺子。比如，春天，有"野荠菜蒸饺"、"鸡米青笋饺"、"韭黄鳝米饺"等；夏季，有"云朵蒸饺"、"五味蒸饺"等；秋天，有"荔枝蒸饺"、"童鸡栗子蒸饺'、"蟹黄蒸饺"等；冬天，有"冬笋鱼香蒸饺"、"冬蓉蒸饺"等。

饺子宴中饺子馅的制法也多种多样。如"干贝三鲜"、"龙宫探宝"等饺用的是传统的打浆吃水馅；"韭黄鳝米"、"玉带蒸饺"等饺用的是煸馅炒制的；"中段蒸饺"则用的是醋溜馅；"八宝蒸饺"、"五仁蒸饺"用的是拌馅等等。

饺子宴中饺子的口味，更是丰富多样，鲜的，辣的，咸的，甜的，酸的，麻的以及由此而调和成的复合味型，更是数不胜数。如有北京人喜欢吃的麻酱饺；有陕西人嗜好的秦味饺；有广东人偏爱的海味、叉烧饺；有山东人习惯的咸鲜鱼肉饺；有四川人爱吃的麻辣、鱼香饺。林林总总，形形色色，无所不有。

如今，解放路饺子馆经营的饺子宴分为"百花宴"、"牡丹宴"、"龙凤宴"、"宫廷宴"、"八珍宴"等几大系列，由108种不同馅料、不同风味、不同形状、不同制法的饺子分别组合而成。而且，每一道饺子都有一段动人的典故相伴。

在古城西安，最早经营饺子宴的共有三家，而且各具特色，各有千秋，除了解放路饺子馆外，还有德发长饺子馆和光华饺子馆。

位于钟楼西北隅的德发长饺子馆始建于1936年，过去主要经营北京风味的水饺。1984年，他们借鉴同行经验，在大量查阅历史资料和收集民间典故的基础上推出了"德发长饺子宴"。德发长饺子宴，巧妙地将菜馆的烹调方法用于制馅和烹制饺子上，采用生拌、熟制法，口味上从单纯的咸鲜发展到甜、咸、鲜、麻辣、鱼香和怪味等多种味型。成品饺馅从猪牛肉馅增加到海味馅、三鲜馅、肉菜馅、素味馅、野菜馅、八珍馅、五仁馅等100余种花样饺。目前，德发长饺子馆经营的饺子宴有"二龙戏珠"、"金龙迎宾"、"龙凤呈祥"、"鸡鸭宴"、"贵妃宴"、"鸳鸯宴"、"吉祥宴"、"三鲜宴"、"罗汉宴"等共九大类。

位于西安市东五路中段的光华饺子馆，虽然仅有数十年的历史，但自1987年和"解放路饺子馆"联营后，名声大增，生意也从此有了起色。1990年联营合同到期后，他们开始单独进行经营。光华饺子馆，在借鉴原来经验的基础上，终于研制出了色、香、味、形都令人耳目一新的饺子宴，即"光华饺子宴"。

光华饺子宴一改过去那种把单个饺子摆在笼里或盘子里端上去的做法，采取了把单个饺子通过有机组合、巧妙搭配的方法，给人以整体造型美的感觉。如"草原玉兔"，过去的饺子宴就是把一个个活泼的兔子造型摆在笼里端上就行了；改革后，把大盘底铺上烹制成熟的时令青菜，配上核桃仁及其它原料做成的假山。于是，在菜盘上出现了绿色的"草原"，栩栩如生的一群小白兔（蒸饺）在"草原"上追逐、奔跑，使其在原来美味好吃的基础上，又增加了艺术欣赏价值。又如"麒麟送子"，过去吃饺子宴，吃鱼和吃饺子基木是两回事；改革后，则把鱼肉整体剔下，用刀在肉面切成鳞甲状，挂糊炸熟，再用部分鱼肉包成鱼饺子，然后，将鱼摆在盘子内，用粉丝炸熟制成云朵，鱼的周围摆上鱼饺子，浇上炒好的红色番茄汁，融菜肴和饺子为一体，极富感染力。还有用鹅肉包成饺子，用琼脂或豆粉汁掺入绿菜汁制成的"玉鹅百态"；有用鸡蛋白做成山，配有临潼特产火晶柿子汁、石榴子和秦川牛里脊肉做成的"骊山晚照";还有"太白积雪"、"葱油酥方"、"金钱发菜饺"、"佘双脆水饺"、"白玉翡翠"、"泾渭分明"、"雪山燕菜"、"鹊桥相会"、"霸王别姬"等等,不胜枚举。现在,出自西安古都的饺子宴,已经出现在首都北京、西子湖畔的杭州以及珠海、湛江、济南、枣庄等地,乃至涉洋东渡到了日本的东京。

西安饺子宴的制作,可以说是汇古代饺子之精华,集当今饺子之大成。既挖掘了历史上各朝代的饺子品种,经过改造创新,古为今用,又吸收了当代各地风味饺子的制作技术和经验,形成了品种丰富、多姿多彩、洋洋大观的饺子宴席。饺子宴的创制,将传统中国人的主、辅食界限打破,融菜肴、面点制作技术于一炉,并借鉴菜肴调味变化多样的特点,使饺子的口味得以拓宽,形成了一饺一格、百饺百味的突出风格。

饺子宴不仅在制作技术上融古今中外于一身,而且还使烹饪技艺与饮食文化的有机结合,得到了进一步的发展。饺子宴中的饺子,不仅味美形雅,而且几乎每种饺子都伴有一个美丽动人的传说典故。如"贵妃蒸饺"与杨贵妃吃饺子的故事;"八宝蒸饺"与郭子仪之子打金枝的故事;"火锅饺子"

与慈禧太后用膳的传说等等。在客人们享受一道道色、香、味、形俱佳的饺子的同时，再聆听着服务员小姐生动传神的讲解，使人在美味的享受中，又置身于一种古老的文化氛围中，令客人在满足口腹之欲的同时，又了解了中国古老灿烂的民族文化。著名瑞士滑稽剧演员季米特里在品味了饺子宴之后，兴奋地说："在地平线上，我还没有发现过这样神奇的饺子，你们真是了不起的艺术家。"

现在，由于各大宾馆、饭店以及专门经营饺子的餐饮企业，无论在设备、用料和技术上都得到了提高和保障。因此，制作的用于设计饺子宴的品种已多达数百种，成为名副其实的饺子大家族。下面是《中国饺子集锦》的编者唐协增先生辑录西安几家饺子馆用于饺子宴中的饺子品种：

玉龙迎宾	龙凤呈祥
一路顺风	满载而归
彩蝶飞舞	什锦三鲜
海仙八宝饺	冬蓉蒸饺
鱼香蘑菇饺	虎皮酥饺
虾仁蒸饺	鱿鱼蒸饺
银耳蒸饺	蛋黄干贝饺

海味什锦饺　　　　　五仁蒸饺

雪中送炭　　　　　　三色蒸饺

群龙闹海　　　　　　芝麻鸭子饺

百花朝阳　　　　　　玉带蒸饺

贡米蒸饺　　　　　　金鱼蒸饺

四叶蒸饺　　　　　　虾球蒸饺

叉烧蒸饺　　　　　　香醋鸡饺

怪味蒸饺　　　　　　麻辣鸡饺

蟹肉蒸饺　　　　　　三丁蒸饺

三鲜水饺　　　　　　鸡茸鱼翅

鱼跃龙门　　　　　　荷花香鸡饺

金针银条　　　　　　水晶蒸饺

肉三鲜水饺　　　　　核桃蒸饺

叉烧银耳饺　　　　　果肉蒸饺

荠菜蒸饺　　　　　　怪味牛肉饺

鸳鸯蒸饺　　　　　　茄汁蒸饺

山楂糯米饺　　　　　黄金蒸饺

八宝拜寿　　　　　　糯米鸡饺

龙宫探宝　　　　　　莳萝角儿

御膳墨珠饺

龙须火锅饺

金蘑菜薹饺

绿茵玉兔饺

猴头蒸饺

糖醋蒸饺

翡翠蒸饺

咖喱蒸饺

一品蒸饺

雪梨蒸饺

素什锦饺

马蹄蒸饺

四喜蒸饺

紫金蒸饺

玫瑰蒸饺

元宝蒸饺

蘑菇菜心饺

菊花香鸡饺

开花豆沙饺

鸭皮鲜蘑饺

金脆蒸饺

恭禧发财

时辰蒸饺

茄汁锅巴饺

苹果蒸饺

蛋黄烧卖饺

贵妃喜饺

金鱼摆尾

干贝串黄饺

猕猴桃饺

乌龙卧雪

金腿蒸饺

青椒玉米饺

姜汁蒸饺

菜花蒸饺

银丝蒸饺

太后火锅饺

五子登科

蛋黄海参饺　　　　　螃蟹献黄

白银墨玉饺　　　　　玉兰鱿鱼饺

珍珠火锅饺　　　　　海星蒸饺

贵妃鸡饺　　　　　　金边白菜饺

鸡豆花饺　　　　　　御龙火锅饺

栗子鸡饺　　　　　　双青脆

酱香鸡脯饺　　　　　鸡米蒸饺

樱桃蒸饺　　　　　　金鱼火锅饺

双鱼戏虾　　　　　　佛手蒸饺

鸡米番茄饺　　　　　五味蒸饺

碧海藏珍　　　　　　鳝鱼蒸饺

慈禧乐　　　　　　　唐宫春寿

冬笋鱼肚饺　　　　　韭黄鳝米饺

宝钏荠菜饺　　　　　香花独秀

明庭香云　　　　　　葱油酥饺

鹌鹑鱼翅饺　　　　　五香蒸饺

乌龙凤翅饺　　　　　红油水饺

百花迎宾　　　　　　油酥寿桃饺

糖醋鲤鱼饺　　　　　麻酱鲍鱼饺

菜薹猴头饺

春笋银针饺

金丝银段

桂圆蒸饺

鸡米煎饺

鲜虾双味饺

荠菜水饺

蝴蝶采花

马蹄鱼肚饺

一口香

白玉翠饺

茴香蒸饺

双豆争艳

软兜蒸饺

玉板青香饺

干贝三鲜饺

香菇玉兰饺

虾籽蒸饺

麻酱蒸饺

丹顶翡翠饺

绣球干贝饺

海红鱼翅饺

金豆娇鸭饺

银米蒸饺

苜蓿蒸饺

蜜汁鲜果饺

五彩缤纷

香菇里脊饺

甲鱼蒸饺

冬笋山鸡饺

四鲜溢香

清宫芙蓉

鸳鸯双栖

佛开口

家常鱿鱼饺

素双味饺

葡萄蒸饺

蛤蟆鲍鱼饺

冬三鲜饺　　　　　乌龙鸡饺

云朵蘑菇饺　　　　干贝煎饺

清一色　　　　　　黑米蒸饺

冬菜春笋　　　　　二龙戏珠

虹桥相会　　　　　雪山蒸菜

麒麟送子　　　　　白玉映红

泾渭分明　　　　　金钱发菜饺

氽双脆饺　　　　　葱油酥方饺

霸王别姬　　　　　太白积雪

骊山晚照　　　　　玉鹅百态

　　根据以上的饺子品种，结合具体的宴席规格、标准及气氛需要，就可以设计出不同类型的饺子宴。但在设计中，要将饺子的形态、大小、颜色、口味、熟制方法、用料、进餐形式的不同种类，进行合理编排和艺术组合，使一桌饺子宴不仅意境高雅，造型优美，而且饺子品种多样，形色各异，口味纷呈，真正达到观之赏心悦目，食之美味可口，回味起来韵味悠长的艺术效果。现介绍两桌有代表性的饺子宴，其菜单如下：

(一) 豪华饺子宴

进门茶：三炮台 (每人一盖杯)。

四干果：白瓜子、酥花生仁、葡萄干、开心果。

四鲜果：蜜桔、苹果、猕猴桃、香梨。

一花拼：龙凤呈祥

八围碟：佛手海蜇、鸡丝冻粉、蒜泥鸭掌、爆红虾、菊花皮蛋、酱熏牛肉、芥末香椿、盐水桂花鸭。

开胃羹：银耳莲子羹 (每人一份)。

饺子 (1)：一品蒸饺

海味八宝饺

银耳蒸饺

蛋黄干贝饺

插一汤：高汤状元小饺 (每人一份)。

饺子 (2)：一口香

二龙戏珠

三鲜水饺

四喜蒸饺

插一汤：山楂奶酪 (每人一份)

饺子 (3)：马蹄鱼肚饺

麻酱蒸饺

糯米鸡饺

春笋银针

火锅：太后菊花火锅饺

水果拼盘：一帆风顺

（二）海鲜饺子宴

四干果：白瓜子、黑瓜子、葡萄干、大杏仁。

一花拼：百鸟朝凤

八围碟：五香熏鱼、烤红虾段、海米芹菜、佛手海蜇、麻油螺片、鸡丝冻粉、蒜泥海带结、椒油金针菇。

一汤羹：干贝玉米蛋花羹（每人一份）。

饺子（1）：海红鱼翅蒸饺

三鲜水饺

虾肉炸饺

海蛎鲜肉煎饺

插一汤：珍珠翡翠汤（每人一份）

饺子（2）：韭黄鱿鱼饺

海肠小饺

虾籽蒸饺

　　螃蟹献黄酥饺

　　火锅：御龙火锅八仙小饺（每人一个小火锅，带调味碟）。

　　水果拼盘：乘风破浪

　　饺子宴的设计基本上是参照一般的宴席，结合饺子品种多的特点进行的。桌上有压桌的干、鲜果品，客人进门先奉香茗。然后献上大拼盘，摆上冷菜围碟。一组漂亮、口味干爽的冷菜，给人以美好的印象，待酒菜快吃完时，上一道热羹，清喉换味。接下来上第一组饺子，几种口味过后，此时味已聚集舌面太多，接着上一道清口的汤菜，然后上第二组饺子、第三组饺子，最后是气氛热烈的火锅，把宴席推向了高潮。饺子登宴，要讲究先后次序，一般先上味淡的，后上味浓的；先上咸鲜味的，后上甜酸味的，咸汤、甜羹插穿其间，使宴席跌宕起伏，变化有序，富有节奏和韵律感，使饺子宴具有较高的艺术欣赏价值，真正体验到：

　　　　　　一餐饺子宴，

　　　　　　尝遍天下鲜。

　　　　　　美味甲寰宇，

　　　　　　疑是做神仙。

　　我们用客人对饺子宴所作的赞美诗来评价饺子宴恐怕是

再确切不过啦。饺子宴为祖国食苑增添了一朵绚丽夺目的奇葩，为弘扬中华民族的饮食文化发挥了巨大的作用，也为人们的生活增添了新的光彩。

（三）巧打饺子牌，成功在海外

中华水饺不仅在国内的饮食市场得到了繁荣，丰富并美化了人们的饮食生活，在国外、海外，许多华人经营的水饺同样以独特的风味，上乘的质量，赢得了异国他乡客人的青睐，既使中华水饺走上了世界，也为自己的事业成功开创了良好局面。下面介绍一位齐鲁巾帼，她只身在香港特别行政区，靠经营水饺，创出了一片新天地。

在香港任何一家百佳、华润超级市场，或是大丸、吉之岛等大型日资百货公司，敞开着的大雪冰柜内，总能看到一种包装简易，上面却印有中、英、日三种文字的"北京水饺"，纸盒注明"湾仔码头"商标和"臧姑娘主理"的字样。这就是素有香港"水饺皇后"之称的山东姑娘臧建和创制的名牌产品。

1977 年，臧建和带着年仅 8 岁、4 岁的两个女儿，从山东来到了香港，指望和在香港的丈夫团聚，不曾想丈夫已"金屋藏娇"。性格倔强的臧建和毅然与丈夫分手,靠自己打工养家糊口。最初,她在酒楼打工,一次意外摔伤,使她不能再干重活。怎么办,她想平日和朋友饮茶时,都由朋友掏钱请客,自己无钱请不起,于是,就到市场上采购了原料,用自己家传手艺——包饺子——作为回报。不想,朋友们吃着她包的水饺,总是赞不绝口。她于是灵机一动,决定包饺子谋生。

臧建和第一次走上湾仔码头摆摊时,心里颇不是滋味。当她第一次迎来四个做完运动的学生,前来吃她的饺子时,心都绷得紧紧的。没想到,他们食后连声称"好",臧建和终于露出了笑脸。从此,她和两个上学的女儿,走上了艰苦的创业之路。两个女儿每天放学后,就来到码头,大的帮妈妈包水饺,小的帮着洗碗碟。

"天下无难事,只要有目标,肯努力去干,总会成功的。"这番话,便是臧建和艰苦创业的准则。当小贩实在辛苦,每天都要干10多个小时。后来,不能在码头摆摊了,她就在码头后面,搭起一座木屋继续做生意。时间久了,顾客知道她在家里做水饺,照样登门来买。没料到,几年来臧建和的水饺生意越做越好,除了卖熟食外,还开始卖起了生饺子。

1985年，她开了第一间工厂，专门制作生饺子，且饺料越做越丰富，以至到湾仔码头买水饺的顾客经常排成长龙。有一天，一辆平治房车开到她的摊前，车上下来一位妇女，一下子就买了十几斤，她就是香港著名的报业大王胡仙女士。这消息一传十，十传百，香港食家闻风而至，臧建和成了新闻人物，登上了"北京水饺大王"、"水饺皇后"的宝座。从此，她的"北京水饺"牌子更响了，并打入了八佰伴、大丸等超级市场。

臧建和生产的水饺，是对传统的技术加以改进，以适应香港市场的口味需要。在确定了标准之后，就始终如一地把好质量关。所以，她的产品超过了韩国、日本、新加坡等地水饺的质量，成为香港饮食业中独一无二的名牌。

臧建和"北京水饺"的成功，仅仅是海外、国外华人成功的一个代表，无数在海外谋生的中国人，都曾经把中国人民的美食——水饺，带到了异国的土地上，因此而成为传播中华饮食文化的使者。尤其是在快餐业竞争激烈的今天，富有中华特色的水饺，已经成为敢与西式快餐争锋的挑战者。也许在不久的将来，中华美食水饺会登上世界各国人民的家庭餐桌，成为人人喜爱的美味食品。

主要参考书目

《华夏风物探源》，郭伯南等著，上海三联书店，1991 年
7 月。

《中华民族饮食风俗大观》，鲁克才主编，世界知识出版
社，1992 年 4 月。

《中华全国风俗志》，胡朴安编撰，河北人民出版社，1988
年 2 月。

《饮食文化辞典》，张哲永等主编，湖南山版社，1993 年
11 月。

《中国饮食大辞典》，林正秋主编，浙江大学出版社，1991
年 5 月。

《中国烹饪百科全书》，中国烹饪百科全书编委会编，中
国大百科全书出版社，1992 年 4 月。

《陕西风物趣事》，阎成功著，陕西旅游出版社，1991 年

9月。

《中华饺子集锦》，唐协增编，陕西科学技术出版社，1992年1月。

《〈金瓶梅〉饮食大观》，邵万宽、章国超著，江苏人民出版社，1992年4月。

《红楼美食大观》，蒋荣荣等编著，广西科学技术出版社，1989年5月。

《美食杂谈》，白忠懋编著，上海科技教育出版社，1993年7月。

《中国美食趣话》，张林编著，广西教育出版社，1993年8月。

《麦黍文化研究论文集》，甘肃人民出版社，1993年10月。

《中国食品报》1996年合订本。

后　记

当我写完《中国人的美食——饺子》这本小册子的最后一个字的时候，原本不安的心情似乎更有些忐忑了。虽然本人从事饮食、烹饪、食俗文化的教学研究有些年头了，但作为食俗文化的专题研究，尤其是单项食品在民俗学中的专门研究，还是一项新的课题。所以，心中没底，唯恐书稿有悖于《中国俗文化丛书》的编纂宏旨。好在目前对于食饮习俗的研究，已有许多学者作了大量的开拓性工作，并积累了众多的研究成果，这为《中国人的美食——饺子》的顺利完成提供了良好的、有益的帮助。尤为重要的是，在编著过程中，得到了《中国俗文化丛书》编委会、编辑的有力支持，特别是得到了山东省民俗学会李万鹏、叶涛、刘德增等学者的悉心指导。其中叶涛先生为本书所付出的辛勤劳动，远在撰著者之上。因此说，此书的出版面世，非笔者一人之力所能及，而是集体的智慧和多年积累的结果，本人不敢贪天功为己有，借此谨表撰者心衷，并对为此书付出过心血的诸君表示衷心的感谢。

本书在编著过程中，虽得到诸君的鼎力相助，但因笔者学识水平所限，舛误在所难免，恳请学者同仁及广大读者批评指正。